U0134542

城市建築不美學

建築宅男
ARCHIPODCAST

表層的醜陋
功能的醜陋
思想的醜陋
方法的醜陋
系統的醜陋

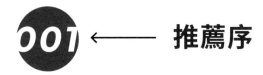

批評者的理想形態

黃宇軒 Sampson Wong
城市研究者

帶散步團時，雖然傾向在旅程中指出甚麼是美麗和有趣的，並以此作為一種娛人娛己的觀看角度，但經常強調和補充道，也許能夠指出設計上的醜陋與缺失、空間的錯誤與遺漏，才是更深入去認識城市運作的觀察角度。

就如認識一個人，所謂深交，往往不是知道對方大方得體、氣定神閒的一面，因為那是最多人見過的一面。真實的認識，是對對方的缺點與醜陋的一面瞭如指掌，那些，可能才是一個人的本質。

當知道《建築宅男》的泰迪斯和查龍要寫這樣的一本書，有條理和系統性地解說香港城市和建築中的醜，我真的在心裡為他們站立鼓掌了一陣。這實在是非常不容易寫的課題，而且很易被誤解作只是作批評或「踩港」。

我希望，所有讀者都可理解到，深入的批評，往往是最難寫得好的，同時也是最有力刺激一個社會認真思考的，但批評者往往會被認為是苛刻或無情的。然而大家都很易忘記，愛之深，責之切，批評者往往才是對一種事物最深入鑽研過的人。

泰迪斯和查龍可說做到了批評者最理想的形態,他們帶着專業知識,向 *The Australian Ugliness* 這本經典著作學習和致敬,先有一種學理上的高度和省思的基礎。這種對日常建築細看的進路,也讓我想起另一經典 *Learning from Las Vegas*,用最不帶前設的批判思維,看到甚麼就分析甚麼。此書的框架有一種簡潔而完整的「美」,表層、功能、思想、方法、系統組成的五點框架,同時也可啟發大家思考,如何走進任何領域,作穿透裡裡外外的認識。

他們細緻地觀察香港街頭,幾乎像在為這座城市做一個資料庫(Archive),消化了各種觀察,結合專業和理論的觀點,再用他們招牌的親切文字道出觀點,我深信這會是任何想認真認識香港這座城市的人,都會讀得肉緊投入的好書,同時,這本書肯定會是香港「在地建築書寫」的一個經典示範。

批評者最理想的形態,可能也要是不太過「勞氣」的,泰迪斯和查龍在經營《建築宅男》Podcast 時的功力,也在此書發揮了畫龍點睛的作用,他們 playful、思考觸類旁通、幽默、執意要用「人話」講建築。他們決定用這種功力,去寫一本講城市之醜的書,相信是覺得「有種責任」,這也是另一種對香港最深的愛,讓我由衷敬佩。

講建築，讀建築

黎雋維 Charles Lai
建築師（英國）、建築歷史學者

我們香港人一般第一次接觸「建築」這個詞語，很大機會都是和樓盤、發展商有關。畢竟，我們在媒體上接觸到關於建築的大部分訊息，都是這些和發展、經濟掛鈎的資訊。這是很多人對於建築的第一個概念。我亦是一樣，從小以為建築就是等於地產。

但我比較幸運的一點是青少年時期，大約90年代尾至2000年代左右，坊間開始有一些文化人和報章雜誌會比較多講到建築和建築師。而我特別記得差不多中五、中六時，當時在雜誌上看到一篇建築師馮永基（Raymond Fung）的訪問，算是我的其中一個對於建築的啟蒙。訪問的實際內容已經記得不大清楚。我只記得當時馮永基在介紹自己的住宅，當中亦有摻雜一些關於建築、空間的概念。那時的我，重複讀了那篇訪問幾次，開始知道建築原來是一種充滿理性和靈性，既寬廣又深入的一門學科。

大學進入建築學院，才真正認識到建造、建築以及建築學，是完全不同的範疇。建築學之所以是一種「學」，是因為他是一個在純粹的建造過程之上的一個學術和理論框架，透過詮釋、整固所有關於設計和建造建築物的過程，解釋及引導建築設計的發展。當中牽涉到的範圍寬廣，亦並非只關於建築師及他們的思想和取向。建築學可以是關於建築物的構造、力學等工程學知識和原理，亦可以是關於風格、美學、潮流文化和品味，又可以牽涉到圍繞大型建築項目的政治、經濟、供應鏈和物料，甚至是古代帝王的個人榮耀，或者近現代帝國的國家顏面。而最重要的一點是，在很多時候這些五花八門的面向，最後都左右着建

築物作為一件呈現在大眾面前的外貌。這就是建築學和建築設計的複雜之處,亦是其引人入勝的原因。

建築學和建築設計相輔相成。城市和建築在被設計和建造的過程中,往往受到這些外力的左右。其影響力甚至比起建築師自己的個人意願更為有決定性。亦正正因為這個原因,建築物和建築設計本身雖然看似屬於業主本身的私人範圍,但圍繞建築物本身的建築學,就具有一定的公共性,亦因此需要多加論述和討論。在傳統中國文化中,具有這樣意義的建築學並不存在。直至20世紀初期,從外國學成歸來的華人建築師,開始以散文或著書出版的方式論述建築,開啟了以中文書寫建築和建築學的大門。今天,社會普遍的文化和教育水平,已經比20世紀初進步了許多。但建築學普遍來說(尤其是香港),仍然未真正走入大眾的普及認識當中。本書正正因為這樣而生。當中的題材涉獵有關建築學和建築專業的諸多不同的範疇,深入淺出,既可以是未受過專業建築訓練的廣大讀者的入門讀物,亦可以讓專業讀者參與思考和討論,希望大家可以從書中找到建築的趣味。

003 ← 自序

對於香港建築大家可謂又愛又恨，這個城市似乎不斷出現興建各種項目的機會，但我們卻時常聽到建築師們的抱怨，笑說這個城市對有心從事設計的人極不友善。一直以來我們都不缺乏建築人才，他們有的會在香港貼地氣地學習，有的從國外知名學府滿師歸來，都是極具能力的人。然而，回顧過往多年的香港建築，從我們所身處已經建成的環境，似乎仍未能歸納回答出「香港建築」是甚麼，匯聚了怎樣的思維。就如我城一樣，對於自身文化的身份認同，回答好像一直都充滿曖昧，顯得虛無縹緲。

但究竟是甚麼讓蓬勃思維不能扎根，又是甚麼阻止了想法的積存？在Podcast節目《建築宅男》進行了三年多、超過一百五十場對於建築本質的討論後，我們決定翻開這個大家都不敢觸碰的題目，希望嘗試找到箇中原因，從而提供一個大家能夠共同努力、重新凝聚的方向。

在香港，我們雖然充斥著不滿，但卻習慣聚焦美好，所不缺乏的是歌頌能夠刊登於建築雜誌優秀的項目，或者記錄過去建築的軌跡。但對於整體設計風氣和問題，不少討論或建議都會選擇旁敲側擊，始終批評容易得罪他人。寫作本書意義並不在特意批判、集中不好的地方，而是希望正視大家所厭惡的部分，嘗試系統性地指出問題，引發新生代甚或未來的建築師，能對症下藥，堅定作出回應。

這本書源起的概念其實來自已經去世的澳洲建築師Robin Boyd 於一九六零年編寫的 *The Australian Ugliness*，他在書中對於當 時澳洲建築缺乏自我、無意義抄取國外裝飾、缺乏美學的套用 作出批評。在引發激烈討論的同時，這本書漸漸成為當地建築 學生必須閱讀的重要書籍，多年來許多人嘗試對它作出反擊， 並且以自己的方法重新詮釋甚麼是本土建築。

在二零二一年，四位建築師Naomi Stead、Tom Lee、Ewan McEoin和 Megan Patty 作為編輯與其他業界人士合著了 *After The Australian Ugliness*，在六十年後回看澳洲建築因為該書 所產生的改變。不同城市走出了不同的方向，但都各具魅力， 堅實而自信。我們深信要整體建築設計進步，回望、反思與前 行是必要，而且缺一不可。唯有正視真實的現況，引發出討 論，我們才能改變。

建築宅男於二零二二年受邀參與題為「集籽種城」的港深城市 /建築雙城雙年展，期間與不少正在努力耕耘的新生代建築師 合作和討論，看到這股力量正在萌芽，往各自感興趣的方向發 展，更令我們覺得這是非常難能可貴的時機，為香港建築嘗試 點出我們的所見所思，集腋成裘，重新出發，以期數十年後的 今天，我們能夠看到一個充滿自信、大家熱愛、能大膽告訴世 界甚麼是香港建築的年代。

表層

01

美與醜對於大眾而言或許是一種帶有主觀色彩、因人而異的想法，然而要說表象的美醜並不是完全沒有基準和科學的元素。有經過設計師用心雕琢而成的作品，多少會灌注經年累月對於美學的認知。無論是透過充滿計算還是潛移默化地流露，在色彩配合、形狀幾何的規律、元素組合的選擇，其實都會有一定思量和邏輯。美學的水平在每個城市進步的緩急，很視乎整體教育與大眾是否有要求，而建築、街道和環境的美醜調和其實非常影響生活在其中市民的感受，我們究竟在哪些美學的追求相對馬虎了事？又有哪些可以緊跟世界的步伐盡善盡美呢？

的醜陋

AESTHETIC UGLINESS

101 ← 顏色美學的不重視

普羅大眾對顏色的喜惡或許是主觀的，但設計師往往會有自己對顏色配合的看法，或許是來自長年累月從前人作品中的配色學習，又或許是使用科學方法為顏色和諧配搭。坊間亦有不少以挑選適當對比色的 APPS 或網上工具。雖然有這麼多方式可以決定使用的顏色，然而香港都市環境用色依然是大紅大紫，缺乏美學準則，或許做設計的專業都會聽過顧客說：

> ## 「可以把這個橙色調明亮一點嗎？」

為討好顧客，有些設計師會選擇放棄自己對顏色的執着，由沒有經過色彩美學訓練的負責人在他們僅有的基本色盤中隨意點了一款。在一個美學訓練不普及的城市，我們其實不能在這種地方隨意，要更堅持。

災難性的大廈外牆油漆選擇

雖然好些作品因為顧客堅持本身對色彩的喜好而缺乏美感，但更多情況下是香港的建築環境乃至於街道的物件並沒有將設計經費放在工程費內，而直接由生產商或者承建商隨意提出。不少人或許會詬病香港街道上，大廈選色沒有品味，正正是因為工程公司隨意挑了幾個顏色就讓決策人三選一。大至大廈顏色，小至街道物件如欄杆、垃圾筒、地磚的顏色，都缺乏配合街道風格的思考，以致經常出現撞色或者與周邊不配合的情況。可幸近年的新型垃圾筒及回收桶在造型上有開始進行思考，好的案例譬如有「綠在區區」富有線條性的設計，在設計上減少了鮮色的佔比，金屬灰的主體有效將不同顏色融入空間。然而街道上的垃圾筒設計卻未有跟隨，繼續以鮮色作為街道焦點，實為可惜，但此設計會否有所改進就需要繼續觀望。

「我可以用盡一整周的時間去選一種牆身的顏色。」澳洲的設計科老師 Michael Spooner 是這樣說的。

顏色帶來的平靜感

眼看歐美地區以至臺灣也在顏色美學上投放資源，例如臺灣最近就舉辦了「學美‧美學」線上展，為校園顏色美學作修正和重新配色，並提出一系列指引，教大家如何簡化現有空間的顏色，選擇能夠配襯的桌椅和設備，讓小孩能夠因為所處空間的嚴謹設計，由小時候開始吸收美學觀念。顏色和諧不雜亂所帶來的心理健康亦是非常重要，提供舒適集中的環境，無論對於學生或者都市人而言都是減低壓力的基石。

notes:
每個人都需要理解添加物件
等於增加顏色組合

Office AAA - 臺中忠孝國小食農教育教室 (© Yu-Cheng Cheng)

star ferry green #HK0007

<<<<<<<<

天星碼頭的標誌綠色

專屬香港的城市色盤

唸大學的時候，老師往往會叫我們要研讀基地的四周環境，配合周遭。如果附近是紅磚建築，可以選取類近顏色配合，但可能因為香港都市顏色本來就雜亂，亦有可能是因為顧客只希望自己的建築能突出，因此關注四周從周遭選材的狀況並不是一種必然。如果要為香港選擇一套有代表性的顏色，可能都會是一個難題。但亦不是完全沒有辦法，仔細觀察與思考，不難發現城市空間的某些顏色的確具有價值，譬如天星小輪的綠和白、欄杆的淺藍、在產品上氾濫的紅白藍；然而到了建築空間卻甚少使用，這種隨便是令人惋惜的。當然城市中還是會有設計師意識到選色的價值，譬如由 A Work of Substance 設計、位於灣仔的芬名酒店就以天星小輪配色作為參考，重新展現了顏色於建築空間的可塑性。城市色盤是需要眾人共同付出，並且在城市中培養，慢慢才能建立起來的。

referencing referencing referencing

A Work of Substance - 芬名酒店

色彩碰撞必然不美？

當然亦有不少人，特別是遊客認為這種五光十色、自由奔放的顏色是吸引的。然而如果我們嘗試研讀過往歷史上的街景，會發現那種看似混亂的配合，紅和綠的衝突其實是有來由的，而霓虹的亮度和選色亦可能因為當時技術或者物料有所限制，產生某種傾向。這種傳承了城市風格的色彩碰撞，在大家可以隨便選擇的年代，就忽然被沖淡了。

砵蘭街Shocking Pink
與荷蘭國民粉橙之別

但在近期開始，這個色彩混雜的城市中，出現各種大膽用色的建築，粉紅色的砵蘭街休憩公園大概是較進取的一個，出發點或許是要連結作為性行業密集的區域特質，唯如果這種粉紅只有在公園出現，而沒有被重複應用，就只會帶來異樣。成功的大膽顏色會於城市空間中重複出現，出現聯動性，變成不是獨立的顏色個體，而是有意識的顏色。例子包括於荷蘭MVRDV廣泛使用的國民橙色和墨爾本到處都可以看到的黃色。

左：荷蘭The Why Factory Tribune的橙色　|　右：砵蘭街休憩公園的粉紅色

顏色需要被引用，變成有價值有意義的顏色。顏色需要被引用，變成有價值有意義的顏色。顏色需要被引用，

102 ⟵ 粗粗粗粗粗粗壯結構

有聽眾在社交媒體詢問我們為甚麼在香港半見優美細膩的結構設計,往往在建築雜誌看到像是SANAA或是Glenn Murcutt等等輕盈的設計,在香港的實作都會變得肥大而笨重。其實這或許是多方面原因的產物:

時間、成本限制心思

香港結構工程師的能力其實毋庸置疑,如果要計算複雜結構的力學與設計,他們絕對能夠勝任。可惜的是,香港並沒有很多機會去實驗結構,在住宅樓宇「直上直洛」慣用矩陣方柱的模式下,任何嘗試都好像顯得多餘。而存有機會實驗的種類譬如學校、社區中心這種層數不多的建築,卻會被工程成本限制,無疾而終。始終對於香港承建商而言,任何異於常規的設計像是V型柱等,都需要花人力心力。

粗獷主義帶動的結構美學

香港在八十年代有不少注重結構美的設計,一大部分受惠於當年粗獷主義的盛行,亦可能因當年建築師對於結構理解雕琢研究甚深,造就了許多至今仍然屬於經典的設計。要數最為知名亦保留甚佳的大概是何弢的設計,當中藝術中心的三角天花結構從大堂舉頭像是閃耀繁星般璀璨奪目,而葵興、葵芳鐵路站在光影的投射下更是展現出結構的力與美。

上:屯門大會堂外的遮陽設計 ｜ 下:SANAA - 岡山大學交流廣場

由何弢負責設計的葵興站

沿襲前人 減少創意

可是近年香港建築的結構不少都非常粗大，以極為保險的方式安全設計每一個組件，而這種設計於路、橋、涼亭等等更為顯著，比起嘗試為這種小型公共設計灌注思維，直接選擇慣用的安全方式更穩妥，然而這就是為甚麼我們甚少看到技術推進的原因。

小建築的測試

要重啟大家對於結構美的訓練與敏感度，我們需要的其實正正就是認真對待小型項目。全因小型項目的尺度小，在應用少量額外公帑美化環境的同時，能夠推進整體建造業對於結構創新的可接受度。如果以香港局部創意而言，位於金鐘亞洲協會香港中心裡步橋的支撐其實做得頗為優雅。在國外，無論工程師或者承建商都習慣於各種創新結構方案，所以並不會因為對設計陌生而大幅提高造價，久而久之能夠應用於較大型項目。

notes:小建築是結構實驗場

左：大埔龍尾泳灘服務大樓　|　右：何弢 - 香港藝術中心

structural elegancy

金鐘亞洲協會香港中心

重新重視結構之美

於現階段設計過程中,結構往往並不是設計重心,被視為純粹支撐樓層,甚至礙事的存在。有些情況建築師會將主導權交予工程師,但如果要令整體設計美觀,建築師需要對結構更加了解,並引導討論,與客人分享優秀結構的價值。

近年香港的確多了各種設計上的嘗試,唯獨是結構上明顯仍有更精練的空間。在充斥着各種肥大結構的城市中,其普遍性讓大家有錯覺這是毋須改變的。我們需要的是一系列好的案例,讓大家知道其實過分粗大、缺乏美感的設計是會被唾棄和不能被接納的。這樣我城的建造水平才會逐漸提高,而比這平均水平更為優秀,能與世界並駕齊驅的結構設計才會出現。

103 ← 不精準的接駁

的確工程構件接駁穩固是基本，但有細心琢磨過與設計匹配的細部，卻會深深影響整體觀感，能夠做得完善通常只有經驗充足、肯投放資源的設計工作室。對比起國外經常有項目能造出為人讚嘆的巧妙接駁，香港建築值得歌頌的似乎沒有太多，仍有待進一步發展。

隨便接駁

在沒有特殊指示或者圖紙引導下，普遍承建商只會選用最普及粗暴的建造方式，始終明裝明嵌、螺絲外露不加修飾，施工難度就會減低，可以簡單快捷省成本地完成工程。但作為會屹立於社區數十年的建設而言，缺乏細部設計的接駁其實非常有礙觀瞻，粗糙的程度似乎不怎麼是國際化都市應該接受的範圍。當然這也不完全是設計者的疏失，有時候鑒於成本考量、承建商技術，或者作價不足需要簡化設計，然而我們不應慣於隨便接駁，需要正視。

不少社區中的基礎建設接駁方法都是粗暴快捷

從一條縫看工作思維

當然有時候會出現這種馬虎接駁的狀
況是因為建築師的參與度極低,但即
使有審美要求的介入下,仍然難以避
免會產出令人失望的接駁,而這以外
牆構建特別普遍。做設計的人在香港
觀看細部時,往往都會被那些寬闊的
縫隙所震撼,在國外我們追求精細
無縫,板材與板材的固定準確。但在
香港,許多時候因為技藝與準繩的欠
缺,設計者寧可留有大空隙,也不願
因技術不足而需要回廠重造。

稍微複雜的細部和接駁設計或許就會迎來昂貴報價

上： 高知牧野富太郎記念館將日本的傳統工藝透過建築展現 ｜ 下： 追求精細才會令建築行業進步

起角的弧形

另一項令人失望的就是「起角的弧形」，在香港做設計的都很怕弧形接駁施工時，稍不留神就被造成起角的多邊形。無論在天花、膠地板圖案，都有可能遇見。比起嘗試去挑戰，有時候得到的只是直接被無視和拒絕。

僅止觀賞的入榫

這或許是因為我們對於精細度的追求沒有很嚴格。雖然人們經常會讚嘆木作入榫等工藝講求精細，但如果自己要嘗試則敬而遠之，長久而言，任何稍微帶有變化的接駁方式，都會受到質疑，並以昂貴報價來回絕。當然我們不能要求每位工人都掌握高超技術，但如果一個城市中能夠有一小部分人可以承接這種稍微有趣的項目，香港建築才有鍛鍊進步的機會。

熱愛決定成果

近來在墨爾本 Openhouse 遇過一位熱愛使用模組混凝土構件的建築師，她說如果要造出準確形狀接合無縫的構件，最好就是到南澳洲去找廠商，因為南澳在這方面的技術較為先進。她在項目中選用了一家技術含量高的製造商，他們起家於高檔汽車製造，熟知複雜形狀的製作，亦對模組精細度有要求，所以造出來的成品接口乾淨俐落。

國外對結構接駁非常熱愛的建築師比比皆是，個人很喜歡的建築師內藤廣便是其一。比起將結構遮蓋，內藤廣在日本高知的牧野富太郎記念館將接駁工藝展示出來，用並不複雜的結構，配以各種弧線造出甚是壯觀的建築。但願香港有天會出現專精接駁的建築師工作室，重新塑造屬於我們城市的細部。

幾何比例的粗枝大葉

藝術創作許多時候是憑感覺做事，靈感湧現自然能夠創作出好作品。然而幾何設計卻有着更系統化的規則與美感標準，需要透過訓練實踐和仔細設計去慢慢勾畫，若然馬虎了事，就算是行外人也能看出端倪。

幾何設計是非常有趣的學問，甚麼形狀配合怎樣的銳角，牆身中間要不要添加穿孔、弧度需要多少、距離又怎樣才適合？種種的設計或多或少來自對於圖像比例的敏感度，然而並不是每個執筆設計的人都具有這種能力和擁有多餘精力時間花在幾何設計上。

在舊式屋邨尋訪幾何設計

曾幾何時在手繪設計圖則仍大量使用的年代，香港建築師對於幾何設計有不少實踐。如果走一趟舊式公共屋邨，我們不難找到現在看來仍相當摩登時尚的幾何組合，尤其是戶外的樓梯，不時會發現斜角承重牆與圓形配合，令整體看起來輕巧雅致。美林體育館則透過立體地使用幾何，加入連續的三角形玻璃，達到透光功能和美觀兼備。

公共屋邨戶外樓梯設計

「沒關係看起來感覺順眼就好……」

大圍美林體育館連續的三角形玻璃幾何

香港保守派Vs.外國大膽嘗試

在繪圖技術演化的同時，新興建築中使用的幾何圖案相比以往卻更為保守。有部分可能來自樓面設計相對方正的影響，但亦可能來自對於特殊形狀的恐懼。香港建築教學模式有時候會對於幾何形狀的來由頗為執着，當被問及卻說不出個所以然來，有些學生久而久之就會回歸最基本的方正設計。這種情況被帶到職場上，結果成為了我們所見到稍微沉悶的城市圖像。

當然要把貼近地界的香港建築與國外自由奔放的幾何比較略為不公平，始終國外地大限制少，在外觀上容易以三維的方式去立體表現，將層次感提高，而亦經常因為有遮陽需要，讓他們有機會去設計不同的立體圖案設計。但國外亦不乏於平面設計上的大膽嘗試，在同一平面上透過圖案設計，讓大面積的牆身變得有趣和生動，墨爾本許多住宅建築都會花心力以低成本透過排列去達到頗為出眾的效果，甚至由平面設計師參與其中。或許我們能夠從中提取經驗，找出適合應用於香港的做法。

Carme Pinós - M Pavilion 2018 的三維幾何

仔細雕琢來源於充足金錢

其實香港幾何設計並不盛行，時間緊迫真的是一大原因。
皆因這種設計除了在電腦繪製，亦往往需要把圖案以大尺
寸紙張列印後，遠觀細看慢慢思量如何修正，通常只有非
常熱衷於設計美學又經濟充裕的工作室才會有這樣的閒暇
去慢慢研究。而且越複雜越細緻的設計，亦代表建築施工
圖需要越多時間繪製，結果在經費緊張的業界，很容易就
會採取簡單快捷的方式取而代之。

notes:沒有錢仍能在平面花心思

平面幾何案例

← **美感教育其實是零**

單説甚麼是美感？在街上去問路人甚麼是美？或在課堂裡要去向學生傳達甚麼是所謂的「靚或唔靚」？就我們自身體驗來説，不論在甚麼地方國家，這些全部通通都會被視為不容易的，尤其在香港這種話題就更不成氣候。可這是否表示我們不懂甚麼是「美」呢？明顯的不是啊，看看成行成市的醫美中心、名牌服飾店（笑）。千萬別誤會我們這樣是在冒犯甚麼人，因為這篇文章想討論的美絕對不是人們的外貌或是潮流品味，我們想嘗試跟大家去探討的是如果以城市為一個尺度的話，美究竟是甚麼？或可以是甚麼呢？

日本的古建築大多都是市民生活的其中一環

美是種文化

首先，要由大家能夠理解的事物開始，例如我城的居民大多都有個共同的「鄉下」：日本，似乎是大家某程度上公認美麗的國度。無論是一年四季分明轉換而帶來的景致、各座妥善保育的世界遺產和市町、不同匠人投入一生產出的工藝品，或是到處可見賞心悅目的店面裝修、宣傳印刷品和指示標識。當然也有可能是「外國的月亮特別圓」，反正幾乎所有 Made in Japan 的事物都擁有令大家欣賞的濾鏡。

可不知各位和風愛好者有沒有好奇這種令人愉悅的美究竟是怎樣來的？到底為甚麼我們會趨之若鶩？再舉一個例子，若果籠統地談及設計，近十年最琅琅上口的必定是「北歐設計」、「北歐簡約風」。其實人家一直都享負盛名，不只產品行銷多國，其理念更成為一種人文文化的代表，只是隨着社會發展各種資本累積，我們才更普及地具條件和底蘊去大量借鑑和在生活各處應用。

被拆下的霓虹招牌，作為香港歷史的見證，何去何從？

美是段歷史

經過一番顧左右而言他後，希望大家更能意識到其實一個地方的美，一定不是幾項單品或者將一大堆名師作品放在一起就能夠做到。尤其以一個整體去看一座城市一個地方，她的美就絕對會跟自身歷史扣連上，正如酒要成為佳釀就需要長年的陳放，沒有足夠時間的累積便不會有可述說分享的故事，也就解釋不了為甚麼美。另一個層面就是這些歷史不會是單一發生的事件，所以連帶着有關係的人事物、行當或地方就可以相輔相成地營造美感氛圍。

教育真美

故此若然期望一個地方能孕育自身的那套獨特美感，就不只需要保留各種有形的載體和營運的空間，最重要是思考如何承傳當中的靈魂和精神。要不就大有機會只留其形而缺其神，並在一定時間後人們對事物的理解就開始分崩離析，最後比較好的歸宿就是成為了博物館裡的藏品，但就從此再不會和那個城市建立任何鮮活的關係，也就不再是美了。

而要令這種「美感靈魂」能持續地縈繞人心，就只能從小做起，觀乎所有美學根基深厚的國家，無一不是讓國民從孩童時期開始已經接觸各種傳統技藝，教授地方的匠心作品，從精神上承傳自己成長於這個城市的生活經驗。長久之下，當所有美不美的決定都能引經據典，就是美感教育終於成功的那天。

奢華的正反兩面

雖然我們這代似乎比起過往對於錢財氣派展露的心態有所收斂，但在金錢掛帥、物慾薰陶的社會，過着奢華豪氣的生活，仍是不少人心中的願景，而正正因為有這種期望，導致我們的城市面貌也處處能看到這樣的痕跡。普遍大眾所追求、能夠觸及的「奢華」，究竟包含着怎樣的內涵？

崇尚表面富裕

往日豪氣的表現往往體現於皇室貴族、宮廷豪門之中，如巴黎羅浮宮的瑰麗堂皇，然而從前平民百姓連一睹那些空間的機會都沒有，對於奢華的理解或許只流於口耳相傳。現代人對於「奢華」的詮釋和印象卻是深入民心，來自各種廣告推銷宣傳，變成可消費的風格。亦因如此，建築或者室內設計亦不時遇到期望設計能顯示奢華的要求，對於設計者而言，究竟要如何對應實是不容易解答。

廉價的奢華

遊走於香港都市街道，無論是住宅、商場、食肆，甚或獨棟豪宅，作為設計師大概都會意識到某些設計可能被客戶要求表現「奢華」——借用過往盛行的古典裝飾、羅馬柱，又或是鑲金戴銀露骨地訴説「奢華」特質，然而在細部或造工上卻粗糙馬虎，只是在表面符合人們心中奢華的期望。

上：往日對於奢華的表現　|　下：「金碧輝煌」的室內設計

奢華的本質

當然每個人對於奢華理解不甚相同，嘗試尋找奢華概念來由的時候，有幸遇到安奈特‧康戴羅所寫的《奢華的建築》一書，解答了不少對於奢華的迷思。書中提到，奢華的概念是一種不計成本對於極致的追求，所提及的成本既可以為金錢，亦可能是時間，又或者是對技術的追求，但對於獲取奢華，付出是免不了的。

從本地豪宅理解「豪氣」的定義

可是香港人對於豪宅的看法卻與追求精湛相距甚遠，所謂豪宅往往只是地段優秀，名字貴氣；在用料上或許的確有花成本，但如果嘗試比較平面布局還是設計細節，其實以建築而言，並不是甚麼出色的作品。以外國人的目光，大概還是不甚了解為何香港的豪宅可以價值連城。這種無法分辨優劣的風氣，導致到處都充斥着虛偽的街景。

金色這個陷阱

要讓設計看起來奢華，有人會選金色的材料去彰顯高貴，然而這種運用是不是華美則很視乎設計能力。稍一不慎很容易落入俗套和醜陋，與原意背道而馳。墨爾本有許多建築師會嘗試在設計上採用金色，而其效果有時頗為新穎，機場名店街的三角天花造型特殊，且不落俗套。而在Collingwood Yard塗上金色的磚柱，也很有設計玩味，值得我們參考，並應用於較大型項目。

雖然社會上看似充斥着各種標榜奢華的商業操作，但我們期望大家能夠清楚理解奢華的本質，確實知道如何欣賞和評價，並且找出屬於自己所追求的方向。

notes：即使金色，也有很多種

左：墨爾本機場名店街 ｜ 右：Collingwood Yard

香港對於豪宅的想像

不被欣賞的地區雕塑

不知道甚麼年代開始，社區中逐漸湧現各種打着吸引遊客為目標的古怪雕像，像是深井的燒鵝像，或者是深水埗的鐳射光碟像。在街坊眼中，既不美觀，亦難以理解如何靠這樣的裝飾去增強社區特色，屢屢遭到大眾的批評。

這些裝飾的設計和出現，來自對地區的淺層理解。當被問及有甚麼可以代表一個地區的時候，聯想到特色食物，或者特產，其實並沒有錯，但缺乏理解特色的性質，直接跳到「放一個特色雕像就好」的表層操作，對社區一點意義都沒有，不但不能增加居民歸屬感，甚至令他們唾棄這種所謂「特色」。

停留於「就是要看得懂」

在整體美學教育不足的情況下，我們的設計許多時候會因為客方要求，而仍停留在要清楚明瞭看得懂，廣東話較為粗俗的說法便是「畫公仔畫出腸」的做法。這種要靠露骨表現的方式其實在香港很常見，也不限於地區雕塑。這種模式對於仍處於發展中的地區或者不常旅遊的人來說可能有吸引力，然而，對香港這個理應是國際級旅遊城市而言，似乎可以有更好的設計投入。

深井燒鵝像

「放一個特色雕像就好，要一眼就能看懂的⋯⋯」

擺設以外的無限想像

當要強化地區特色，我們必先了解其
特質，並開放地思考當中可以擴展的
方式。譬如玉石市場，比起放置幾塊
裝飾的玉石，不如思考將玉石注入社
區，譬如在街道地磚的設計上，加入
特殊磚塊、研發銷售以玉石做主題的
紀念品等等，不限於放置擺設，而是
成為一種融入空間和活動的體驗。

特色規劃的案例，如果大家有到訪日本旅遊，都會發現他們很有意識地、將小小的特色轉化為大家都能夠享受和欣賞的文化特質。譬如廣島尾道由山頂千光寺往山腳的階梯步道就以貓之細道作招徠，沿路與貓相關的壁畫自然無縫融入附近的街景，亦有以貓作主題的咖啡館，比起硬銷，這種注重構築環境和放大體驗的模式，的確會讓人三不五時停下腳步欣賞感受。這種欣賞並不單是對遊客而言，自家的居民亦多以其特色為傲。當然日本亦有不少更注重建築規劃介入的案例，如瀨戶內的藝術島嶼、雲之上小鎮檮原町等，這種設計需要的是全盤的規劃，透過近乎公關的手段去包裝及發佈。而其美學的要求則需要由建築師和各種專職設計師合作完成，才能確保不落俗套，否則所花的金錢，就只是一種浪費。

區議會的局限

如果細看現存香港地區建築設計的來由，便會發現這些令人失望的作品不少都是由區議會發起。作為地區事務的一部分，每年區議會都會獲得幾億撥款去進行小型工程提升社區設施。我們能夠理解在議會的他們並不是以設計為專業，但如果能夠在提案的同時，將整體規劃和設計美學納入要求，甚至適當地尋求設計師作為審核方案的一員，嘗試為社區美學把關，相信各區居民會更享受我們珍貴的社區空間。

日本尾道貓之細道

日本豐島的島廚房

成功的稻米鄉社區設計案例

臺灣的池上或許是近代融合地區特色和設計的佼佼者,透過藝術、品牌設計、旅遊體驗的塑造,再配合池上秋收稻穗藝術節的舉辦,將一個地區化成大家都憧憬、希望到訪的地方。除了讓當地的稻米聲名大噪,更令當地人非常自豪擁有這樣的風景。

公營美學的系統化缺失

這個題目針對的不是公營建築美不美，而是想探討作為系統的整體美學觀感。所以大概大家會問，那麼「美」和「美學」的分別是甚麼？學術上如果要處理這麼一個議題，絕對可以成立一個小組研究個三五七年，出版若干篇十萬字論文，但我們不是甚麼文化期刊，大家就不用太擔心。以下容我們由自身出發，寫寫個人的觀察所得。

雖然群居的我們隨着社會和當地文化的發展，會出現相應的潮流並形成所謂的「主流」和對生活中各種事物的「共識」，例如正式場合要着西裝、越健碩就越有男人味等，可是人類作為獨立個體，每個人其實都有自己的感受和看法，而且最有趣的是：我們永遠不可能明白自己以外的人的真切感覺，因為根本沒有機會去體驗別人的人生。換言之，大家可以想像「美」這個概念的主觀程度有多麼高。

美不美是出自個人觀感的，我覺得靚仔的你未必看得上眼，你喜歡的衣飾配搭她卻不敢苟同。既然「美」並不絕對，這麼因人而異，那為甚麼還有「美學」這回事，用科學方法研究不了這麼相對的課題吧？是也不是，這可以分兩個層面：雖然暫時在院校研究機構內未能看到美學獨立成科，但其實當中分拆了很多相關細節的專項領域，例如顏色學、黃金比例、字體造型、尺寸排版等等，都可以透過收集統計數據來得知其普遍的常態分佈 (Normal Distribution)。

純白設計具未來感新開的香園圍口岸內「你好，香港！」的宣傳設計和
香港飛龍的彩帶及繽紛用色混雜在一起，似乎就是當下的公營美學

Apple與Google貫徹始終的設計語言

另一個層面就並非指學術方面，而是將其視為一套系統去應用，舉兩個最簡單近身的例子，差不多每人手執一部的iPhone生產商蘋果電腦公司和再進化便能成為「Skynet」的Google網絡公司，它們旗下的所有產品都會遵從同一套設計語言，無論是如Mac機、iPhone等的硬件，還是Gmail、Chrome等的軟件介面圖示等，我們作為用家基本一眼就能夠認得金屬外殼極簡線條的機器就是蘋果產品，看到使用藍紅黃綠顏色的軟件便能聯想Google。

而它們這套美學系統，甚至應用到公司總部的建築設計。由香港人的老朋友Sir Norman Foster設計的蘋果公司新總部，猶如一艘高科技外星母艦降落地球，以玻璃打造外殼的巨型冬甩和流線型的產品設計如出一轍；而像一個超放大版馬戲團帳篷的Google新園區，就貫徹其企業開放並多元化的形象，由BIG及Heatherwick設計的空間透露公司上至下都崇尚玩樂的生活元素。雖然並不應該以此反證這樣做才能使企業組織成功，至少可以讓大家看到這樣的跨國大公司把自家美學執行到底是怎麼的。

反觀香港，好像並沒有多少本土企業會在這方面有所投放，即便是最有條件執行的政府，也好像越發傾向「能交貨就好」的狀態。回想以往政府部門的徽號，甚至還在使用的十八區區徽，都遵從一套類似的視覺系統。當年可能因為科技不如今日方便，所以連帶差不多所有公函都會使用一樣的字體、差不多的排版格式。但現在不提這些，只要打開各個部門的網頁，就能具象化地感受「各自為政」。

notes:
猶如漆黑中的科技聖殿，極具辨識度

尖沙咀廣東道的Apple Store

建築署手筆的西貢海下遊客中心，繼續嘗試使用系列性的設計語言

先提高政府設施的辨識度

不過放大看看各種政府建築物，情況於近十年有所不同，隨着越來越多新發展區的公共項目落成和不同的老舊場所翻新，可以觀察到有一大部分由建築署經手的項目，有嘗試如政府總部的「門常開」般，利用設計去建構某種象徵意涵，透過使用相近的材質、細部、空間語言等去讓市民於潛意識之中有所辨認。

近期灣仔碼頭附近的新海濱長廊、新建的幾期和合石靈灰安置所、海下的海岸公園遊客中心、觀塘的海濱道公園等，都運用了類木紋處理表面的清水混凝土牆，灰黑色的鐵製框架部件，配以耐候鋼（Weathering Steel）或相似觸感的物料去點綴部分牆身，再加上不同的盒子或漆上三原色的其中一種，組成「黑白灰啡紅藍黃」同一設計系列的觀感。這種做法大概自千禧年代頭便已經開始嘗試，歷經赤柱、屏山、車公廟幾處的康文市政大樓都可以追尋和感受得到。

109 ←———— 城市百面相

經歷了幾年的封關鎖國，以世界為舞台的旅遊巨輪開始重回往日轉速，而差不多要轉為單機版的香港，也可説是在最後一刻終於連上線。老實説有點習慣了即使假日，市中心密度也還是可以接受的人山人海，到不同酒店Staycation排隊前後都是廣東話，對於現在不用舉目都能感受到「多元文化」回來了多少是需要時間接受的。但在這連串適應的過程中，也激發了我們去思考，其實一個地方究竟是怎樣令人有想去遊覽的衝動？如果自己作為遊客，香港到底如何能引誘人？

> **高密度的新舊並存**
> **24小時運轉的城市**
> **本身就是獨特的存在**

首先以自身來出發，因為暫時遊覽過的地方不多，所以對外地最主要的吸引點一定是「未去過」，因而旅遊都傾向不重複去同一城市。不過這裡其實有個悖論，因為即使是香港這個丁點般大小的城市，筆者沒有踏足過的部分都還多得很，更何況是一個不熟悉的地方？亦即是只要一個城市足夠大而有不同面貌，就可以讓人來了又來，不斷探索，流連忘返。那麼我城有這項特質嗎？

生活就是一道風景

以面積計香港當然不能算大（雖然這完全只是相對而言），但我們究竟是一人千面還是千人一面呢？每天上下班時段往列車裡月台上巴士中看去，都是蒼白的臉龐反映着手機屏幕的藍光，每週重複去差不多的商場行街食飯看電影；抑或這只是本地居民的營營役役，在遊客眼中卻是非常新鮮的生活方式？印象中，世界上又好像沒有一個地方如香港般高密度，日常所需都可在就近甚至是樓下的購物中心全部解決。

是的，這可以說就是其中一種特質面貌，不過我們作為香港人是否就希望跟各國旅客宣傳展示這一面？這是一個值得大家深思的問題：究竟特質如斯，算是正面還是負面？而且我們心知香港值得讓人愛上的絕對不只「獨特」的生活形態，還有無論你身處何方都可以於半小時內到達的郊野公園，還有全年無休的東西方節慶和各式未被破除的習俗，還有各種依然堅持手作的食品和用具，還有和諧共處的不同宗教信仰族群，還有密集石屎森林中卻便於探險的橫街窄巷……

營營役役的香港人

即便是旅遊景點，也是因為本身是市民的生活流程之一才能成事

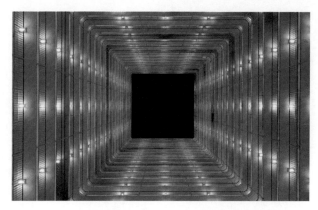

我們眼中的日常，可能已經是外地人眼中的異樣，
足以引發好奇的探索之心

日常就是一種美

弔詭的是，大家有沒有發覺這些「多元化」的吸
引之處，無一是需要特地去營造出來，或是故意
去建立的事物，全部都只是我們普通的日常生
活。其實沒錯啊，就如日本能成為「鄉下」並不
是因為甚麼因旅遊而生的熱點；臺灣贏得遊客歡
心的是熱情的款待和質樸的生活；歐洲就大概是
完全天然的風光地貌，要不就是隨處可見的歷史
和文化氛圍。地球上每個地方本來就存在不同的
差異，我們大部分人都不會有機會在不同的地方
長時間生活，所以旅行到外地就很容易感受到當
中的分別。

說到底大家出遊的目的本來就不盡相同，像香港
這樣的一個城市利用自身的面貌絕對可以百貨應
百客，只要市民能繼續用自己喜歡的方式快樂地
生活下去，而不用生硬地東施效顰模仿一些跟本
地生活無關的事物，因為離地的東西跟大家沒有
任何聯繫，也就沒有人會關心持續與否的問題。
所以只要讓人們能夠安居樂業，便會向遊客散發
天然的吸引力，並自動地說好這個城市的故事。

功能

02

201

我們經常抱怨香港的居住環境不堪，
更有人嘗試將車位與住家面積作比
較，說到底是甚麼導致香港容許這種
扭曲的設計可以被建造出來呢？功能
上的不完整、不人性並不單只存在於
住宅，無論在商業、政府建設，乃至
各種公共空間、城市設計都存在極大
妥協，沒有選擇為大眾提供較佳的環
境。究竟要如何讓大眾意識到這種功
能上的缺失是不可以接受，並且逐漸
將水平提高呢？

205

209

的醜陋

PROGRAMMATIC UGLINESS

202

203

204

206

207

208

210

211

212

對居住正義的要求？

根據過去這十多年的往績，這個題目絕對可以改成「公營房屋」，因為基本上無論公共屋邨（公屋）、居者有其屋計劃（居屋），還是綠表置居計劃（綠置居），總之是由政府興建的房屋項目都無分受眾對象，全部使用差不多的設計，上至單位圖則，下至建造材料，除了部分顏色會有所不同外，從外觀上實在難以分辨。

作為香港人應該會明白上述房屋的分別，但在此也稍稍為不熟悉的各位科普一下：

1. 公屋 - 簡單而言，就是政府以低廉價錢向合資格的低收入市民出租的房屋，其戶主就是「綠表人士」；
2. 居屋 - 主要是由政府興建，以低於市場價格向合資格的市民出售的房屋，其資格比綠表稍為寬鬆；
3. 綠置居 - 最近幾屆政府才推出的計劃，以比居屋更低的價格向綠表人士出售的房屋。

這樣看來，好像就不難理解為何坊間會有「有得你住，仲諸多要求」這種說法，因為功利地看就是已經享受到了政策優惠，就不應該有所批評。

先不說這其實算某種犬儒的表現，從行政的角度來評價也是有其缺陷的，因為宏觀來說這三種房屋類別可看作是一個居住權保障網加置業階梯，所以如果只是價錢的少許分野，但綠置居沒有比公屋更吸引，居屋比綠置居沒有更優秀的條件，從何吸引這些民眾付出更多成本在階梯上遷移？

變得一式一樣的各種政府房屋

「排到公屋 / 抽到居屋，開心過中六合彩！（？）」

notes:於2022年7月才入伙

已拆卸的「南昌220」為全港首個使用MiC的「簡約」房屋項目

基本的尊重

而最差是從建築的角度來衡量,公營房屋作為建設量最大的政府項目,即使我們完全同意其應用了模組式設計和最新的組裝合成法(MiC)去建造,是非常具成本效益和能做到質量兼備的。可也正因如此就讓人思考,既然都已經大費周章去確保公帑用得其所,為甚麼不更進一步在設計上精益求精,使其不只是功利的做好了預算上的控制,更能成為業界標竿?

雖然最新一代模組可以做到的單位變化已經比前幾代為多,但一些發現已久、可以透過微調設計改善的問題,卻沒有被解決的跡象,例如樓層的垃圾房為甚麼總設在單位正對面;為甚麼單位不能錯開排列總要門口對門口;即便需要方便維修,對比裝設於外露的牆身的顯眼處,喉管應該可以更美觀地安裝在比較不明顯的位置……如此這般。

居住友善的定義

都不用去對比外國的例子，可能只需如以往般為居屋和現在的綠置居，添回真正「實而不華」的裝修及傢俱，如櫥櫃、冷氣等，都已經能提高其吸引程度，而且這些都不是過分的要求，其實是我城曾經實踐過也獲得市民讚賞的一貫標準。起碼不會如當下般在這些政府房屋入伙初期，總可以在其垃圾站看到從單位內拆卸出來的各種設施飾面甚至泥頭，不論合法與否都顯示單位內的裝修陳設，一定程度上並不能貼近大部分住戶的生活需求，不但費時失事亦浪費資源，就更別提「簡約公屋」之類更難以理解的非永久性措施。

甚至大家可以直觀地感受到，由另一本地公營機構房屋協會(房協)以更貼近私人物業的設計興建的資助項目，更為市民所歡迎和受落。再者作為政府的建設，理當更去順應本身想推動的政策，例如現行目標是於2050年前香港能實現碳中和，但在公營房屋上有否完整體現這種目標呢？

新加坡組屋的天台花園

在此之上，世界各地也有很多的案例可以參考，當中不只是觸及設計層面，如我們曾於Podcast節目內討論過的澳洲房屋政策，在維多利亞州就有一套「Better Apartment Design Standards」的建築要求，不論是採光、能源，還是面積等都有細緻的規範；更有些是對人民居住權益的重新思考，部分國家例如丹麥和荷蘭會要求私人發展商在其項目中，將一定數量的單位撥歸作可負擔房屋之用，使社區更為融洽而非圍封成一個個的屋苑小區；又或推出青銀共居的社區項目，像被日本媒體稱為「書生寄宿制復活」的東京Home Share計劃和臺灣的著名案例「玖樓」般，讓獨居長者將私宅的閒置房間租給到當地升學或於市區有居住需求的年輕人，不論有否對他們附帶一定的服務條件，至少在成為朝夕相對的鄰居下，這樣就更容易達到所謂共融的社會發展。

澳洲的可負擔房屋與私人項目無異

202 ⟵ 村屋的固態

獨棟住宅在大多城市中都是建築設計事務所的起始點，門檻不高但可塑性強，所以白手興家的年輕建築師往往會抓緊這個機會在積累實績的同時去培養出屬於自己的設計語言和手法。只是，如果我們往新界村地走一趟，不難發現大部分村屋設計都是大同小異。

分割出租導致的村屋倒模

村屋這個概念最初是為了原住民男丁可以獲得土地成家立業，然而目前村屋往往都成了分割出租的模式。而分割出租亦構成了建屋本來就不用建得好，只需要能住，每一層間隔簡單、能有700尺就可以的心態，間接導致任何空間的多層雙連，體驗變化都看似不可行。

這種倒模模式導致就算香港其實有不少獨棟建築項目，都沒有真的尋找設計師去處理，反而直接就聘請專營村屋的工程公司，在不多花心思的情況造出了大量相似的住宅建築。其實對於住宅外觀不注重，可能是跟長久以來我們沒有這樣的思維有關，因為普遍香港人根本從來不會有機會住進外牆設計精緻的小房子，更沒有可以比較的例子，自然鮮少會出現「我喜歡這間房子」的想法。

「獨棟住宅往往是實驗設計的起點。」

TEMPLATE的有限選擇性

Template Building簡而言之就是給你蓋一樣的房子，透過省卻了建築師、工程師重新計算的時間，以最迅速的方式蓋一棟已知的設計。而亦因為這種設計需要為客人省去成本以及為工程公司帶來最多利潤，往往設計都是最簡陋、最容易建造的。這類工程透過給客戶選擇面料、花紋和顏色的方法，讓他們覺得自己有選擇權，並且滿足於所選。然而往往到最後做出來的只是一座配有非常普遍物料的方正建築，而不是真正量身訂造的設計。

香港村屋設計多為Template Building

在國外住宅雖然也會有Template Building的狀況，但亦會有追求精美設計的人，期望為自己打造一個夢想中的家，所以會尋找設計師作討論，並且用心實行。家的設計許多時候重視的都是個人特質，透過了解客戶，將其生活中的興趣和未來規劃，融入在家的設計中，並有可能在外觀上反映。可是在省卻了所有設計下，我們就只有沉悶無趣的村屋群。

notes:
同區亦見其他特殊設計住宅

Sou Fujimoto - 日本大分 House N

ArchitectureArchitecture - ParkLife

自由實現對家的想像

在國外不時會有建築開放日活動，這個時候除了公共建築會開放，也能夠罕有地走進不同的住家。筆者有幸於二零二二年參觀到澳洲建築事務所ArchitectureArchitecture設計的私人居所ParkLife。房子的主人是藝術家，對於能夠將花園和工作室融入自然很感興趣，而建築師正正為她設計出能從不同角度都能看到花園的特殊弧形房子。而在香港對房屋思考的剝奪，對建築師或者使用者都並不理想。

獨棟住宅其實最需要的是能被普通市民看見的案例，相較其他建築類型由機構或者商業單位透過工程項目經理去接觸適合的建築師事務所，住宅建築於外地經常會出現的狀況是街坊在同區街道上看到優秀的設計，就希望找到這個設計師去負責自己的家。所以我們旅行時常常在探訪住宅建築的時候，都會發現小社區中有超過一間有趣的房子。在有比較的情況下，擁有土地的人自然懂得如何好好利用，住宅設計亦成了最好的廣告板。

203 ←—— 居住標準的下限

基本上無論是學士課程還是碩士課程，住宅課題是每個建築系學生的必經一步，而在香港過去十多二十年間，這個題目對大家來說就更為切身。通常來說，作為讓同學發揮的研究對象，都不會刻意設置諸多限制，可能就是着其不用在意一些法例規條或技術可行性的框架，好讓創意能夠有機會揮灑，甚至從中併發挑戰現實的火花。

因此每年都不難看見有學生勇於從最基本開始思索居住的本質，或是探究最小的面積、最低碳排放的建設、最高效的佈局等，為我城地少人多的高密度居住環境提供多一點想法。可是當我們以為同學們的想法應該在更為極端的邊緣探索，現實卻總是骨感地補上一記當頭棒喝。因為香港人會熟悉「納米」這個科學上的量度單位，竟然是因為房地產的「納米樓」。

香港超高密度的城市空間

「房屋問題是重中之重！」

帝皇級龍床＝最小單位面積

香港暫時最小的單位面積紀錄是128平方呎，即大約等於11.89平方米，姑且四捨五入當是12平方米好了，即是6米乘2米的空間，而我城一個標準私家車停車位為5米乘2.5米⋯⋯是的，那單位的12平方米面積還包括車位沒有的浴室和煮食空間，所以扣除這些「必須」位置後，實際可以讓屋主活動的就大概只有稍多於8平方米。這究竟是一種甚麼概念？上面我們用了停車位來對比，這次來試試用宜家家居能買到最大的床褥，其尺寸為2米乘1.8米，亦即數字上可以「綽綽有餘」地容納四位成年人肩并肩安穩地睡覺，僅此而已。

在此我們衷心希望這就是香港往後居住歷史的下限，不是因為這樣的居住面積是否合乎常理，而是其標示了「納米樓」成為了這個城市住宅的某種主流，在在揭露香港人對於居住、對於生活難以置信的低甚或無要求。相信讀到這裡，一定有人會說「有頭髮邊個想做癩痢」，銀彈足夠才能買大點的單位啊！其實這就跌入一種悖論：雖說樓價在過去數十年間一直在幾何級的上升，但無納米單位前，能夠負擔上車的大家在市場上都沒有選擇了嗎？

我城的住宅價格和供求波幅完全是遵從市場機制，加上無論是居屋的申請還是私人新盤的入票抽籤都屢屢錄得以倍數計的超額認購率，完全展現了住宅物業市場的購買力，顯然地本身並不存在一種對納米樓的需求，但因為發展商計算到這有利可圖，而從前香港對此又沒有明確的規管，就創造了這麼一項不應存在的房產商品供應到市場上。

可能是因為適應力過高的香港人太習慣逆來順受，而忽視了自身是可以不去配合發展商的如意算盤，甚或嘗試主動去發聲表達意見：我們不接受這樣的居住空間！如果銷情和輿論有所反映，商家們也必定會作出調整，這應該才是自由市場的原意。可悲的是香港人普遍對房屋設計還是生活品質的追求，都缺乏足夠的理解和要求。

每個人心中都有自己的基本尺寸

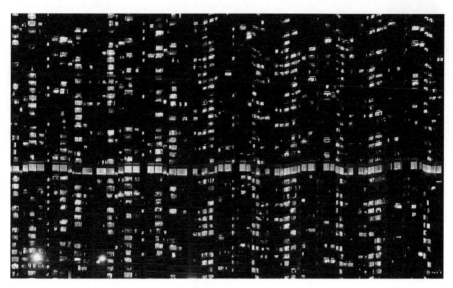

密集恐懼還是無殼蝸牛更可怕？

理想標準不一而足

另一方面，作為亞洲國際都會的居民，在談論居住方面的話題時，如果只能以面積大小說項，就真的貽笑大方。不知大家對於居所的要求如何，但住屋是人類的基本需求和權利，能讓自己不受風吹雨打或任何外界危險以延續生命，所以第一標準一定是安全。特別在經歷近年幾宗住宅樓宇結構相關的問題個案後，以往我們還算是有信心的部分也開始令人擔憂起來，這裡就不特意展開此話題，以示對「專業」和「程序」的信任未至於完全崩塌。

因為對於被建築學蒙蔽了的人來說，琅琅上口的必定是甚麼定義、概念、本質，甚至拆解，以致於前段甚至為居住「必須」的浴室和廚房這詞用上了引號(笑)。其實本來想表達的是視乎目的及用家，浴室和廚房並非每個單位都需要獨立設置不可，例如時下熱話的共居，甚或房屋署在上世紀末也曾為長者興建院舍式需要共用設施的公屋，但至今空置率一直偏高。故此居住並沒有所謂的絕對標準，只有每個人都需要熟悉自己的習慣，理解自己的生活，才可以覓得適合自己的那套理想的標準。

204 ⟵ 向外傭姐姐學習

將主旨寫在前頭，然後再慢慢解釋：論使用城市內的公共空間，我們絕對應該向外傭姐姐們學習。只要曾經在週末假日外出，無論是長於斯的普羅市民，還是短暫停留的過路旅客，都應該曾經親身感受過派對的盛況。即使是肺炎肆虐的這幾年，又是限聚又是社交距離，都無阻她們變着法子享受自己的法定休息時間。

根據政府2021年的中期人口普查數據，香港有319,989名外籍家庭傭工，佔總人口的4.32%。如果這個數字沒給你太大感覺，來讓我們假設她們只在照顧小朋友：同期未成年人口有967,679人，即代表在街上見到每三個小朋友就有一個外傭姐姐在照料；更別提有好一部分其實是專門看顧老人家的，所以她們絕對是香港的重要組成部分，不只在人口或勞動力上支撐很多在職家庭，更是塑造了城市的景觀。

熙來攘往絕對不是甚麼問題

中心區名店外的席地而坐

約定俗成的野餐好地方

香港的城市空間(特別是市區)的確比較擠逼,並沒有多少不用消費的休憩空間,所以薪資微薄的姐姐們只能尋找不同公共地方的「邊角料」七天一回地進駐。除了希望跟有「真正」共同語言的同鄉朋友聯誼一解鄉愁外,亦因為法例要求他們工作和居住在同一個地方——僱主家中,所以正常而言大家都會想外出透透氣吧。

這就合理解釋了每個週末都可見到海量的外傭姐姐及部分阻街的情況,算是一定程度的無可避免,不過跟從開首主旨這次另有重點。不知大家多數會在哪裡見到這些放鬆的外傭姐姐,從記憶中可以列出的有:行人天橋、公園不同角落、行車天橋底、街邊行人路較寬闊的位置、公眾碼頭、行人隧道,中環甚至有會於星期日變成行人專用區的商業區車路等等。他們多數是三五成群,各自劃出大概兩米見方的空間就席地而坐甚或睡下。

佔用空間的禮儀

可重要的是，絕大部分情況在有人路經時，都可以感受到姐姐們的某種默契：她們不會把地方都擠滿，除了一定把主要通道空出來並留有足夠有餘的通過空間，還會有意識地不去阻擋任何公眾需要接近的位置，例如在旺角行人天橋上可以看到花園街攤檔的無遮擋攝影點，公園兒童遊樂設施附近的休憩空間。這種公民禮儀，在平日繁忙時間地鐵或巴士的近門處都未必能遇到，可是姐姐們卻會優先「佔用」最不阻礙的位置，即使是在垃圾桶旁的邊角地。

而即使權當她們只有一半人在同一天放假外出，根據前述的數字，也有超過十萬人同時走上香港街頭聚會野餐。週末是大家主要放假的日子，無可否認她們一定程度增加了城市、特別是路面上的擠擁狀況。可是不知大家有否留意到，即便是很肆意的躺在地墊上、無顧忌地於街邊飲食，甚至是舉辦有主題的派對，都絕少會於事後看到隨地堆積的垃圾。對比節慶活動封路後的街頭、年宵花市初一的清晨，似乎罰款增加至三千元都未必能提升公德心。

互相尊重的默契

notes:
紙皮的高度可塑性

週日的中環愛丁堡廣場行人隧道

更新迭代的創意

另一方面姐姐更同時展現了更新迭代的創意，從早期只用報紙紙皮鋪地，到現在用即棄膠檯布或野餐蓆，甚至發展出三維地使用紙皮(箱)，令其變成實體的矮牆作擋風及區隔，又或者直接打開簡便帳幕於公園裡草地上融入其他一起使用場地的市民。雖然在法律上，這般的行為多少屬於可酌情處理的灰色地帶，但在在展示的是我城大部分市民所未曾嘗試的可能性。

當我們還着眼甚麼為之公眾場所、哪裡才是公共空間，或在抱怨私人管理的弊病、管理主義的僵化時，身邊的姐姐們已經在城中各個角落跟同鄉親朋分享逸事八卦，向世界直播載歌載舞，説好她們在香港的故事。

205 ⟵ # 我們的遊樂場在哪兒？

「兒童是社會未來的主人翁」乃老生常談，所以即使如鐵達尼號般的災難性事件，也會先讓兒童與婦女乘坐數量不足的救生艇，所以普遍社會都會視禮讓和保護老弱婦孺為基本公德。既然這是種普世價值，在香港這座亞太區幸福指數最低的城市，小朋友是否有獲得足夠的重視呢？

機會越多競爭越大

隨着教育的普及，由之前的九年免費教育，到現在的十二年；由以前只有百分之一的中學生能成為大學生，到2022年有超過33%的中學文憑試考生獲得本地大學學位，學歷的含金量就是在不斷貶值，以致我城的準父母們都為着可以「贏在起跑線」而努力打拼，希望自己的兒女能盡早增值，從同輩中突圍而出，進而能夠平步青雲。可是這種對下一代的良好願望，放在小朋友身上好似就是另一回事。

因為其望子成龍的狂熱程度甚至連香港的聯合國兒童基金會都要製作一條電視廣告，來提醒香港家長有關小朋友的遊戲權利，而外地人，甚至老一輩可能很難理解現今兒童這樣的苦況：由還在媽媽肚中開始便要接受各式古典音樂的胎教，出生後就要參加各類母嬰小組遊戲小組學前小組，儲滿厚厚的一疊「履歷」包括兩文三語認字識數禮儀藝術，透過自己的社交帳戶記錄分享各樣技能成就，為的就是考進「名門」幼稚園……而到這裡也只是「補習人生」的開始。

多層分區的上環卜公花園內扁長條狀的兒童遊樂場地

玩多一分鐘

不只將所有上課以外的時間用課堂相關的各種輔導班填滿,連其休息玩樂的時間都被賦予學習元素,處理不當就只會落得全面討厭睡覺以外的「生活」。上段提到的兒童權利廣告,所要求的也只是每天一小時的遊戲時間,而在影片中就是讓小朋友們一起在草地上追逐玩球,感受陽光和接觸大自然。

我城為了這麼重要的下一代,有甚麼特意建設的專屬設施嗎?答案是有的,但有很大進步空間。在康文署的資料中全港一共有249個公園及康樂場地,當中有82個名字包含「遊樂場」的設施,而帶有「兒童」字眼的就只有6個。當然這或許只是命名的慵懶,大家住在香港應該都會在社區中看到不同的休憩空間裡會有兒童的遊樂設施,但未必從名稱上能辨認出來。因為沒有一個方便查找的資料庫,家長們帶小朋友外出就很大機會錯過使用公共設施的機會。

而從另一方面來看，前面說了這麼多香港小朋友的苦況，是否我們只要在城市中見縫插針、有空間便為他們設置遊樂設施就可以呢？「以量取勝」這種策略某程度上並非壞事，特別在我們這個細小又高密度的城市，多一個就是多一個，總比沒有好。但就如商場都會有所謂「死場」，不是在街區角落一塊空地上放座滑梯、裝個氹氹轉就能吸引小朋友，因為回應我們未來主人翁的童年需求也是要有專業的知識，遵循一定的理論和標準的，這也是慈善團體「智樂兒童遊樂協會」自1987年於香港成立至今致力推動和倡導的。

改變世界的街區遊樂場

值得一提的是近年當局積極翻新建設具有共融設計理念的遊樂場，首個在2018年完成的是由智樂擔任顧問參與其中位於屯門公園內的先導計劃，截至2024年頭全港暫時總計有43個分佈於十八區不同地方，而所謂共融的元素也不止於無分身體障礙都可以享受玩樂，重要的是所提供的設施不會有很明確的要玩方法或規則，要讓兒童有自己發揮的空間才是一個好的兒童遊樂場所，君不見在沙灘上的小朋友那無窮無盡的創作力。

上：屯門公園開創了本地遊樂設施的新一頁　｜　下：沒有特定玩法的玩樂體驗才是最好的

世界是你們的，也是我們的，但是歸根結底是你們的。世界是你們的，也是我們的，但是歸根結底是你們的。世

外國也有不同的低成本但樂趣高的案例

其實要令小朋友有良好的成長，促進他們各方面的發展，就是要讓他們能夠主導並自發地為好玩而去遊戲，不是為了要鍛鍊哪一部分小肌肉或者串字學算術。如上面提到的屯門公園的兒童遊樂場，場內有不同的主題園區，當中會有高低起伏地形，配以噴水裝置、巨型沙池、不同形式不同體積的滑梯和鞦韆，還有能夠刺激身體不同感官的觸感和設施。這類沒有特定規則，倚靠孩子發揮想像力去跟場地和其他人互動而創造出獨家玩法的「遊戲地景」（Playscape），在世界各地都有著名例子，如澳洲悉尼的達令區遊樂場（Darling Quarter）和臺灣臺南的河樂廣場，都是用水來作主題的成功Playscape。

另外這些遊樂設施好好地設計，即使空間比較小也好，最好能做到每個街區不需橫過危險馬路都有一個。因為作為家長最着緊的就是安全問題，如果不是只到樓下或在人行道步行就能到達的地方，都必定會親自陪同前往，那麼就會限制了小朋友可以去玩耍的時間，也減少了可以讓其鍛鍊自己社交能力和膽量的機會。

notes：重點永遠是讓孩子們有挑戰自我的機會

澳洲墨爾本的CERES Terra Wonder Playspace

206 ⟵ # 安老院的無限可能性

安老院是不少長者的噩夢，生怕自己有天身體狀況退化至不能自理、連家人也無法照顧的時候，就會迫不得已被送進一個陌生又充斥着死亡與無奈的環境。當然安老設施在近年進步了不少，但距離成為一個能讓長者安心快樂、有尊嚴地度過晚年的理想居所，仍有很大的努力空間。

大部分長者住進院舍都不是出於完全自願，多少存在妥協的，因為無論空間或者環境，自己家居理應來得更自由。許多情況都是出於照顧者因工作關係，無能力提供全面照顧，長者只能無奈接受的結果。

如果要分析老人服務為甚麼讓人畏懼，大概歸根於大家印象中缺乏私隱、密集而擠迫的環境。一直以來社會福利署對於每位安老院入住者所應享有的最低面積是有規範，但這個數字在過往不少情況下會被使用來最大化計算可容納的長者人數。比起參照最低面積去規劃，我們更需要將心比己思考甚麼才是舒適快樂和符合人性，如果設計者或者經營者自己要住進設施，又是否樂意呢？

打造「第二個家」的願景

其實這並不完全是安老服務提供者缺乏良心或者不思進取，而是在昂貴租金的前提下，能做到收支平衡亦有難度。雖然如此，我們還是需要積極質問為甚麼安老院不能具有吸引力？為甚麼安老院不能設計成比家居更適合安享晚年的空間？能不能透過設計從「囚牢」的印象變成樂園？

「第二個家」的概念從很久以前已經被認為應該套用於設計安老院的一大原則，然而過往真正做到的並不多。第二個家的設計意義在於減少長者在改變環境時所遭遇的不適應，比起醫療空間冰冷機器化的形象，走在世界前端的現代老人設計通常會以溫馨柔和的物料和顏色作主軸，配以居家扶手椅、餐桌、裝飾等等家具。房間設計亦會注重留有空間讓長者做個人化擺設，將過往家中重要的物件重新佈置。與此同時設計亦會確保長者能在室內安全移動，物料容易清潔，以及將提供護老服務的工作流程滲入其中。

「懼怕的不是變老變醜，而是變得身不由己。」

每個人都會變老變虛弱

讓長者能力最大化

Enablement是外國長者服務喜歡使用的詞語，意指擴大長者能夠做的事。長者可能因為身體功能衰退，令所能處理的事情減少。但比起直接將所有日常瑣事改為由照顧者負責，對身心更健康的方法是適度讓長者參與，保持他們對於生活的自信。要達至方便他們處理日常事務，就必須提供適合而安全的工具和環境配置，甚至透過科技來輔助。譬如澳洲許多安老院都會設有寬敞的公共廚房，比起完全由看護處理餐點、收拾碗碟，讓有能力的長者長者參與簡單分發或收集的工作，就更能建立他們的自信。近年甚至有概念讓長者一起設立屬於自己的手作生意，在安老院劃出小型工作室，讓他們將過往工作的技能延續下去。要提供這樣的服務就須於計畫流程和空間中加入相關考量，如果能夠貫徹即會是對長者的一種關懷與認同。

長者需要的並不單只是護理上的支援，更重要的可能是整體環境的氣氛和人的陪伴。丹麥的NORD Architects就設計過不少注重公共空間的安老院，在設施中提供不同尺度的活動可能性。過往香港的設計都是從功能性和容易管理作為出發點，設計者現在其實更應花心思於設計整個社群，並注入各種創新活動，讓長者在安老院舍中亦能活得精彩。

現代長者照顧空間需要的已經不單是功能上的滿足

如何透過日常空間設計令長者能夠訓練記憶是行業趨勢

謹慎至上的香港安老院

於安老院設計上創新比起其他建築種類要來得困難，除了成本緊張外，需要關注的是安全的問題。特別是當我們嘗試提出新的配置或者活動時，需要仔細衡量並與經營者溝通。為了減少風險，過往大多經營者都會採取非常謹慎保守的態度去添加許多扶手等等的安全設施，有時候會大大影響體驗。外國案例不少都嘗試尋找其他方案，譬如減少坡度去換取不使用扶手。在不斷創新的時代，設計者和經營者只能慢慢前行，將現有狀況逐步測試推進。

香港長者設施的經營比國外要嚴峻，主因還是租金與空間狹小，所以國外輕易能夠加入的功能，在我城不少情況都被視為奢侈。然而設計師可以透過巧妙的功能整合和空間分佈盡可能在使用最少成本下達到風氣改變。久而久之慢慢將整個行業的服務模式和水平提升，一起變老的大家一定都會樂於見到這種改變。

倒模式的購物商場與買少見少的街區小店

香港最常被貼上的一個標籤就是「購物天堂」，這是個從小已經刻進腦中的認知，可是當年齡漸長，消費能力卻沒有變高(笑)，便開始思索究竟何謂「購物天堂」？為甚麼不是「錢包地獄」？

不論是甚麼樣的社會，在早已經脫離以物易物經濟模式的當今世界，消費成為大家生活中主要的行為，甚至某程度上亦可以說是生活的目標。我們工作去賺取薪水，就是為了用來支付衣食住行所需的使費，尤其生活在城市的居民並非生產者如農夫、礦工等，基本上全部食物用具都只能仰賴購買。

有時即使看到標誌名稱都未必能一眼識別這是哪個商場

從村落擺檔到大型墟市

基於香港人口密度高、基建便利、歷史原因成為重要的轉口貿易中心，所以大家在這裡可以採購到來自全球的不同貨品，而且多少得益於此，令人均收入水漲船高，形成良好循環促進了高消費場所的成長。這也算是解釋了為甚麼香港差不多舉目處處都是消費空間，明白為何商家當道甚至主導了城市的發展形態。

只是凡事都有個過程，往回看這種發展亦有分不同的階段，我城也不是從一開始就像現在般商場林立。香港開埠前是一條小漁村，在清朝遷界令前後有不同氏族建立的圍村，並有多條古道與廣州省城其他地方聯繫，所以除了本地的日常用品買賣，還會有對外的通商。

一般在香港比較大型的村落，都會有個廟宇、祠堂或公所前的空地，或有條「商業」大街，其實就是村民們的主要出入通道，而在旁的屋主就能盡地利之便，打開家門檔口一擺已經可以做生意，這大概就是最初代的街舖。而較多人聚居擺檔的地方就會形成墟市，亦即市集的前身。直至現在都還可以在香港不同地方看到這種形態的購物空間，例如赤柱的露天市集、灣仔交加街、旺角的花園街女人街、深水埗的鴨寮街北河街等，這些大部分都還在以當區居民為售賣對象，屬於民生的行當。

當特色商場被一式一樣取代

當我們以遊客身份到外地旅遊時，大多都喜歡逛逛當地的商店街，或特意去參觀一些朝市、週末墟，更不用提那些節日才有的聖誕市集、祭典廟會之類。人家這些日常生活中的組成部分，其實我城也從不缺乏，只是大家可能都太習以為常得沒有將其與所依附的物理空間作連結，因而感覺就是隨着發展、所謂的市容整頓和近代的舊區更新，越來越多被夷平發展的村落、「臨時」化的天光墟、割裂的街舖小店肌理、掛上污名的攤販⋯⋯

取而代之的是各種室內購物中心、佔地廣闊的商場，在筆者的孩童年代，這些新式、有冷氣、不怕打風下雨的地方真的非常吸引，因為他們都會有不同的特色，至今依然記憶猶新：定時的音樂噴泉、機械人偶表演、室內機動遊樂場、主題式的裝修佈置等等。可惜的是大部分都已經不復存在，而且最直觀的感覺是曾經走進將軍澳的商場以為自己在元朗，令人更提不起勁去流連於這些充斥連鎖式店舖的地方。

> notes:
> 從舖內向外延伸而成的露天街市

排擋攤販縱然是香港一大特色，這種購物體驗的未來卻顯堪輿

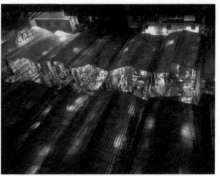

購物體驗同時也是視覺體驗更是文化體驗

一念天堂一念地獄

然而打開香港旅遊發展局的網頁，我們可以看見以下被標榜為可以感受「獨特本地氣息」的露天市集：廟街夜市、女人街、赤柱市集、利源東街和利源西街、渣甸坊和春秧街。可是我們作為一直在這城市生活的人，都知道本地人大概只會去位於北角的春秧街──因為是傳統街市所以主要是街坊在幫襯；而餘下五個市集雖然定位比較遊客向，但最大問題是所售賣的商品非常同質化且廉價，既非本地人會需要的東西，又明顯看得出好一部分是從淘寶進貨而來；大部分「紀念品」設計拙劣造工參差不齊，沒有跟上時代步伐，甚至版權意識薄弱，如果這就是自詡為亞洲國際都會的本地氣息，那就真有夠「獨特」。

所以要維持購物天堂這個美譽，在倒模商場及同質市集的夾擊下絕對岌岌可危，可幸在同一個網頁裡還有介紹到我們平日也會閒逛購物的鴨寮街（電子產品街）、花墟、通菜街（金魚街）、花園街（波鞋街）和太原街（玩具街）這些，是有機地按地區歷史脈絡發展出來的主題購物街例子。另外還有如摩羅上街（古董街）、德輔道西、永樂街、文咸西街（海味參茸燕窩街）、高陞街（藥材街）、甘肅街（玉器市場）以及上海街（廚具五金用品街），上列這些商販們並非本着主打遊客生意，而是因着專精在某種商品範疇，開業於同一區域內持續經營便產生協同效應，卻正正展現與提供了一種本地文化的體驗。

反過來想如果連這點都因為各種諸如連根拔起的舊區更新或流於表面的形式化保育，那麼天堂變地獄就為期不遠了。

208 ←———— 用錢買休息座位

相信大家都有遇過逛街逛累了需要坐下的時候。然而，在香港要找到能夠休息的空間，簡直是難若登天。年輕人可能會選擇走進咖啡店吃個下午茶，但對於財政緊張的家庭或長者，因為腳痠就要額外花費，未免太不友善。究竟是甚麼導致這種扭曲的現象，而城市要添置怎樣的休息空間才算合理呢？

商場不設座位的緣由

雖然大家已經習慣了商場甚少提供座位，但如果窺探一下箇中思維，不難發現以商家的角度其實非常合邏輯。商場作為銷售商品的場所，原則上是希望到訪的人在逗留時間中盡量逛更多商舖更多去消費，而透過消費才可以休息的模式，則增加了食肆的收入，自自然然甚少考慮需要注入休息空間。

詭異又缺乏美感的座位設計

香港休息空間：與街道切割

可是這個狀況不單只在室內出現，室外街道上其實也沒有多少能坐下的地方。因為香港以往的街道設計，以百分百歸類為走道的模式作基礎，配以高人流的擠擁現狀，因此政府沒有特別為街道添置可休息的角落，而寄望私人發展商能考慮提供休憩座位，更是難上加難。

香港市區僅有的休息空間，往往是以Parklet小公園的模式呈現，有時候大家會發現街角有幾張長椅、旁邊有一些長者健身器材的空間，而這些設計往往是與街道切割，甚至有圍牆阻隔的，造就一種指定休息空間（Destinated Spot）的效果。在遊走不同國家、看遍各式街道設計後，發覺其實香港缺乏的是線性休息空間，將休息和閒暇活動融入街道中，在適當的地方擴張行人路，使體驗超越單單步行，令「移動－停下－移動」的出行方式變得可能。

> notes:
> 最左是深水埗合舍外的街道座位

雖然街道座位在香港開始變多，但仍存在許多要靠公眾自己「製作」

不友善的長櫈扶手

外國的朋友來到香港可能會好奇：「為甚麼香港的長椅中間都會有扶手？」當我們回答那是為了防止無家者睡在長椅的設計，他們都會覺得不可思議，這種帶有歧視性的惡意在香港依然存在。在提倡共融包容的思潮下，比起協助需要的人，解決和阻止潛在問題，仍然是政府首要的任務。

設計好座位

一個城市有怎樣的公共休息空間設計，往往是一個地方文明程度的反映。當市民對生活有更高的要求，自然會對於休息空間有更高的要求，從而開始討論各種使用的可能性，甚至在意其外觀是否配合市容，要去回應這種需求，是有遠見的政府需要着眼投放資源的。早年藝術推廣辦事處聯同幾位建築師籌劃了一個名為「樂坐其中」的計畫，於不同設計者的參與下，在十八區設置了二十組頗為新穎有趣的座位設計，是對於我城非常有價值的示範，顯示休息空間確實能為城市添加活力。政府應該重新審視整體公共空間設計，並且將這種思維融入香港處處，改善整體體驗。

澳洲Parklet的設計比較不封閉，要從街道走進綠地休息相對容易

城市藝裳計劃：樂坐其中

← # 單車這一種交通工具

如果要問有甚麼技能在這個鼓吹環保的世界是必須的？踏單車一定是其中之一，因為這是即使我們失去任何動力裝置，都依然能隨心使用帶來行動方便的工具。

其實單車從來都沒有在香港的日常生活中缺席，無論是在還沒有鋪設煤氣管道樓宇的舊區運送石油氣、因各種原因而變得蓬勃的外賣速遞行業，又或在中心商業區依然有需求的文件快遞，都不難在街頭巷尾捕捉到單車的身影。可是好像在當代大部分市民心目中，單車除了是香港體壇強項外，就屬於休閒活動的一種，是讓小朋友放電或假日到吐露港、南生圍「慢活」一番的項目。

點對點的假需求

但轉個角度想想：在香港駕駛私家車的話，最遠的距離最多也就一個小時的事，對比外國的跨城通勤，香港真是一個非常小的地方，而且鐵路、巴士和小巴的網絡完善，不會像日本有些地方一天下來可能就只有三四班電車停靠，或是美國那種市郊住宅區，距離最近的巴士或鐵路站，是動輒三十分鐘以上的步程。所以如果公共交通系統配搭得宜，加上我城本來就有高達百分之九十的通勤市民使用公共交通工具，正常來說在香港移動根本不需要私人車輛，只是在資本主義的社會裡，時間是成本，身份也需要象徵。

然而當其數量的增長，在這本來已經擠擁的高密度城市造成堵塞帶來困擾的話，就值得我們重新思考香港其實適合怎樣的交通基建系統。先談談公共交通工具，香港的鐵路系統以基建角度來看的話是值得我們自豪的，包括已計劃會興建的綫路，基本上我們在出發地和目的地之間只差來回鐵路站那「最後一公里」。

因外賣平台的興盛而令單車再次進入大家視野

讓單車成為主流

所以就如很多歐洲城市般,又或香港人更為熟悉的日本那樣,這段連接鐵路站的路就可以用單車解決啊!他們那些市中心的站前廣場或核心商業區附近都會有大型的單車停泊設施,無論是普通的單車泊架,還是高科技的地下自動單車塔,因為佔用的空間細小,一至兩個普通私家車停車位的空間已經可以放置20輛以上的單車。不像我們只在大圍、元朗、粉嶺等新界區市鎮,特別是鐵路站前才會看見單車滿放的情景。

	領牌車輛數量	交通意外總數	涉及單車碰撞意外數量
2014	690,052	14,932	793
2015	714,927	15,042	789
2016	737,312	15,632	723
2017	757,705	14,434	638
2018	776,729	14,721	607
2019	790,336	15,067	595

資料來源:香港運輸署及香港車禍傷亡資料庫

上中:日本的單車停放點不止方便,很多都有用心設計
下:究竟單車徑可否成為通勤的最後一公里,還是只能作休閒用途

香港有機會可以做到如外國這樣不需人車分流的共融設計嗎？

這不只是完全為了零排放，因為減少路面機動車輛的行駛，亦能降低嚴重交通事故發生的機率，最著名的例子便是於1976年已經開展單車友善政策的荷蘭，在隨後的20年內交通意外數字大幅下降了足足75%；香港的話可以從左頁表看到，即便我城領牌機動車輛數量一直上升，交通意外總數也維持於大約一萬五千宗上下，可是同期涉及單車碰撞的數字就在六年間，由差不多800減少至不足600宗個案，而且單車與單車即使真的撞上了也不會造成致命傷，更連帶讓大家多了一個運動的機會。再者香港自從開發新市鎮及興建地鐵以來，基本上都是奉行「公共運輸導向型發展」（Transit-oriented Development，TOD）的規劃模式，亦即圍繞鐵路站為社區的中心點去建設，令市民在15分鐘路程的距離內就能去到住宅、商業和休閒設施等配套項目。

常說香港地少人多，何不大刀闊斧，還路於單車和行人？

210 ← 港鐵上蓋的天價「豪宅」

香港已經不知道連續多少年蟬聯堅尼系數全球榜首：要不吃不喝十幾年才有足夠資金購買屬於自己的一個蝸居。雖然這已經是我城居民的普遍共識，但其實對於很多外地人來說，把終生目標定在買樓，這簡直就是天方夜譚。可是這房產遊戲當中的特異現象又何止不合理的高價：人均居住面積的低下、納米樓的湧現、高地價的庫房收入政策、公營房屋的分配等等等等，所以這次我們想聚焦在樓價與地區規劃的關係。

以公共交通工具為發展起點

香港的公共交通之發達可說是聞名於世，特別是地下鐵路的方便程度隨着不同新線路和支線的加入與日俱增，這其實要歸功於我們從新市鎮的開發開始，就不斷於規劃中使用 TOD 發展模式。即以鐵路站或大型的巴士交匯站作為社區的中心去做城市規劃，讓公共交通工具成為各個區域的中心點，而圍繞着這個中心就是高密度的商業樓宇、辦公室、大型商場、主要的文娛康樂場所、政府的地區辦事處，然後就是各種大小的屋苑。背後的設想是希望一區的居民即使未能在本區工作，也至少在工餘及閒暇時間能夠在當區解決所有日常所需。

絕對自由經濟市場

不過同時間這種過去數十年成為了主流的發展模式,似乎自然會衍生交通越方便的住宅物業,作價就越高的現象,因為跟從市場主導的經濟原則,發展商當然會為擁有最多週邊資源和宣傳特點的樓盤採取優勝劣汰的定價策略:比較之下區域中心的單位會比邊陲的更貴。

可是顯然香港並不是一個工作機會分布平均的地方,所以打工仔無可避免地只能依賴公共交通工具通勤,而且越遠離中心商業區(Central Business District,CBD)的地方樓價平均亦越低,因而絕大部分的人都需要跨區上班。根據2021年的人口普查,我城就有近200萬人要這般通勤,犧牲時間換取低一點的居住成本。

notes:
因高鐵站的興建成為超級鐵路項目

多年來不斷販賣鐵路概念的九龍站周邊一早已經「豪宅」林立

上： 與青衣城隔海相對的荃灣西「城」 | 中： 南昌站上蓋樓盤帶領深水埗區住宅呎價達到歷史高峰
下： 全賴有鐵路基座使得猶如陸上孤島的康城能吸引三萬多「中產」人口

隨着各市鎮中心區範圍的擴大，相對廉價的房屋位置就越移越邊緣，明明最需要使用公共交通工具的人卻無法負擔最合適他們的居所這種局面已經形成。對於有車一族、出入都會選擇乘搭的士或網約車的市民而言，大概即使住在稍為遠離公共交通比較便利的位置，應該也還好吧？

試想像一種情況：假設當下房屋數量供求平衡，而各個鐵路站上蓋的住宅都只供應給沒擁有私家車的居民，那麼超長距離的通勤需求便可降低，因為現在居住於邊陲地區的上班族，可以選擇更靠近工作地點而且能夠善用鐵路的居住物業；列車也可以免於長時間擁擠，路面即便還是有乘坐的士和自駕的通勤居民，至少已經可以減少高運力卻不甚靈活行駛的大型跨區巴士數量，從而由需求層面疏導交通系統的過重負擔。

有產階級的貼地

另外此舉可進一步解放勞動人口的生活和精神壓力，同時可以讓出行率中那百分之十非集體運輸交通工具的車流更暢順。在香港如此細小並高密度的城市結構上，雖然我們暫時無法為就職崗位作更具效率的分配，可是單純地為勞動人口中有參與生產的那六成，亦即是每天都在跨區上班的那200萬打工仔去想想有甚麼可行性，都絕對值得。

平心而論，「交通更為方便的地點，樓價更高」這回事，只能建基於整個城市的物業指數是合理、且對大部分市民而言屬於可接受的水平，而不是將其視為「豪宅」，因為哪有豪門世家會跟大眾逼地鐵追巴士，所以文首「天方夜譚」指向的不只是樓價的高企，更是我們願意將居所變成了投資用的奢侈品。

上蓋住宅項目才是鐵路站的主要營利來源

偽海濱城市

香港的維多利亞港作為世界三大夜景之一聞名於世,最繁華的核心地段也座落維港中心兩岸,甚至當年回歸大典也特別在這海港的中心填海興建了會展新翼來舉辦,似乎足證這片水域對香港這個城市而言是標誌性的重要存在。但事實又是否如此呢?讓我們看看圖側的問題:你對維港有甚麼感覺?似乎隱隱地好一段時間香港市民都缺乏對維多利亞港的切身回憶。

我們上一代,甚至上上一代可能有親身經歷過還是水深港闊的渡海泳年代,但因水質污染問題嚴重而於1978年後停辦,自此香港市民就似乎沒有合適的途徑能夠接觸維港的水體。後來政府透過行政手段去規管海港內的排放,及後推了二十年的《淨化海港計劃》漸見成效,水質明顯改善,最終在2011年維港渡海泳再次復辦。

港島海濱最新已經不止這個長度

「提起維多利亞港不知道大家有甚麼感覺?」

以海港聞名是否就必然是個好的海濱城市？

左：卑路乍灣海濱長廊 | 右：堅尼地城海濱長廊斷開的路段

漫步海傍成一種奢侈？

可作為國際級都會的要求不應該就止於水質吧？
就觀察而言，最根本的問題是我們城市硬件上，
特別是維港兩岸的設計從一開始就沒有在意這方
面：北岸九龍由長沙灣昂船洲污水處理廠至油塘
三家村天后廟大概26公里的海岸線，基本上只有
長沙灣海濱花園、油麻地海輝道海濱公園、西九
文化區藝術公園、尖沙咀及紅磡海濱花園、紅磡
大環山公園、土瓜灣海心公園、啟德跑道公園、
啟德及觀塘海濱長廊和三家村避風塘海堤公園稍
有設施和樹蔭，屬有瓦遮頭的海邊休憩用地。

數起來好像也還可以啊？以「亡羊補牢」的角度
來說是的，因為要留意以上各個公園大部分落成
於2010年後，而且當中有設置海濱長廊作連接
的只有部分公園，所以總共只覆蓋約11公里的段
落，餘下的若非普通行人路，就是海邊根本沒有
路：因為賣地時連海岸都歸地主使用和管理，而
好一部分的地段甚至允許建築物貼近海岸邊界，
無需留有任何空間；又或為了讓不同的貨船停泊
使用，而沿海橫向設置了貨物裝卸區。

理想的海濱

在香港島的維港南岸，當下的情況已經比九龍為好，隨着同屬於65億《優化海濱專項撥款》工程項目的銅鑼灣「活力避風塘主題區」及炮台山「東岸公園主題區（第一期甲）」，分別於2022年9月及12月全面開放，打通了由石塘咀至炮台山的濱海步行徑，暫時以9公里成為維港最長。但這其中也是有一點點水分的，因為於上環港澳碼頭位置、紅隧口遊艇會那段普通行人路等路段都不臨海，也並非以海濱遊憩用地的規格去建造。

而這8.7公里以外的地方，特別是炮台山以東的海岸，則完全被架空的東區走廊包圍，即是自1989其全線通車至今30年來，這一段海港岸邊都只是為車輛服務。或者可以說，從這點可以看出香港長時間以來的城市規劃基本是以行車做主軸，行人的需要和通達性往往並非首要的考慮，直至近十年才終於開始被重視。例如於前述的東廊高架橋底興建設有單車徑的行人板道，這樣的建議雖然早於2012年已經被提出來，直到2019年才向東區區議會提交最新方案，現在也終於成為落實中的計劃。

notes：現時已不再讓公眾進入

曾經的「西環天空之鏡」是市民散步熱點

澳洲布里斯本河岸兩旁親水的設計

放眼鄰近城市如新加坡,雖然國土面積比香港還要小,且有近四分之一都是填海得來,但其已經計劃並興建中的濱海環島步道(Round Island Route)便有150公里長,最終目標亦會無縫連接成為共計360公里綠色步道網絡的一部分。另一個例子就是跟香港地形比較接近,位於澳洲的海港城市悉尼,隨着核心區達令港旁始於2009年的巴蘭加魯地帶(Barangaroo)活化計劃將於2025年全面完成,屆時將最後的3公里連接好便成為總長14公里的海濱長廊。

單看牌面似乎不算太長,但其整存以共享為主的空間設計,使得這十多公里的地方不只兼容單車徑、寵物公園、四季皆宜的林蔭徑道、各式充滿互動藝術品的花園,而且步程內亦有着不同的餐飲商業、表演展覽和經保育的社區空間,成為不論悉尼大小市民還是外地遊客都能日夜享受的中央活動區。

以親水為一個起點

其實以香港這樣一個海港水資源如此豐富的城市,可以做到的有很多,遠不止於板道和海濱長廊。先不說應該以市民的享受和使用為規劃設計的主軸,減少所有設置於岸邊的圍欄,提供多點直接親水的機會。最重要的是重新讓大眾建立與維多利亞港,這個香港的絕對組成部分的聯繫與記憶,而非讓其成為相片的背景、危險的威脅,甚或只可遠觀,透過這樣就已經能夠提升大家對於保護這片獨一無二的海港的意識。

類似親海的例子於世界各地的濱海城市比比皆是,以各種形式出現:

- 假日碼頭上的遊樂場 – 如美國大西洋城的Steel Pier,加州的Santa Monica Pier或英國布萊頓的Palace Pier,這些1900年代開幕至今的海上嘉年華主題樂園依然歷久不衰,而我們類似的地方如海運大廈頂層和旁邊的港威大道露天位置,就多年來都是個著名的停車場;

- 與海鷗共食的露天餐廳 – 這種例子只要在網上搜尋「海鷗搶食」就可以獲得海量結果,雖然從影響動物習性的角度來看未必好,可起碼如前面提及的悉尼,上述的大西洋城和布萊頓般的地方有這樣的海邊可作餐飲的地方,海岸線綿長的香港在總數大約二萬家的各類食店中,卻只有200多間合法獲准設置露天座位;

- 市區中心的人造沙灘 – 日本大阪櫻宮海灘、法國塞納河邊的巴黎海灘,以及最負盛名的丹麥哥本哈根Harbour Bath,雖然這些大部分都屬於夏季限定,但他們都旨在善用已有的公共空間和資源,為市民帶來享受生活和欣賞城市的不同可能性;

甚或如Snøhetta建築事務所為挪威首都奧斯陸所設計興建,位於海邊的新國家歌劇院般,直接就讓公眾可以順其屋頂步進水中等等。近幾年新建成的香港海濱花園,我們樂見如上面有提過的西九藝術公園和炮台山東岸公園主題區,已經開始嘗試於部分位置不設岸邊圍欄,又或如灣仔和銅鑼灣的新海濱主題區也加入梯級式無阻隔設計的海岸堤階,寄望這些都是一個新共識的啟端。

212 ⟵ **生存與生活的空間之別**

甚麼是生活？甚麼是生存？大部分被困於庸庸碌碌生活的香港人似乎已經難以說出自己的狀況。無論是工作還是日常都似乎身不由己、得過且過，而我們的城市不少建設也似乎處處反映着這種強調基礎配備、缺乏更大追求的心態。過往，不少人在青春期時會對自我質疑，嘗試詢問活着為何，惟到長大後慢慢融入社會便似乎被同化了。但這種疑問近年不限年齡似乎每個人都在提出，究竟我們有在好好生活嗎？

期望與現實的落差

你可能會疑惑為甚麼身邊的朋友都紛紛提出這樣的問題，這有可能是因為隨着社會進步、教育水平提高，我們對於「生活」的渴望，與現實中「生存」環境的落差逐漸擴張。其實探討這種人的追求時常都會引用心理學家馬斯洛的需求層次理論（Maslow's Hierarchy of Needs）。在底層的物理追求如溫飽滿足後，就會往上慢慢尋找更高層次的心理需求，甚至自我充實的階段。而香港最特殊的就是，新一代年輕人總是討論着生存意義、個人身份定位，甚至性別認同等等高階的思想追求，但同時卻在物理層面處處碰壁，需要住在蝸居劏房、節衣縮食，寧願加班工作犧牲社交和健康，也要賺取足夠收入去應付日常開支，這種扭曲的社會現象似乎在香港特別嚴峻。

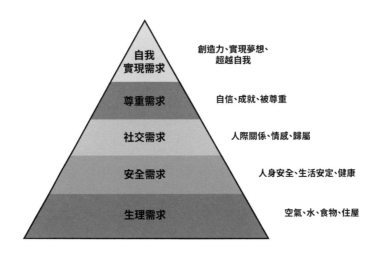

自我實現需求 — 創造力、實現夢想、超越自我

尊重需求 — 自信、成就、被尊重

社交需求 — 人際關係、情感、歸屬

安全需求 — 人身安全、生活安定、健康

生理需求 — 空氣、水、食物、住屋

「我們有在好好生活嗎？」

都市的無奈與現實

僅夠生存的空間

這種生存的狀況大部分來自社會制度和大環境，工作時間長、收入拮据、需要為屋租甚至伙食擔憂等，導致大家產生這種「生存感」。然而空間的因素亦不容忽視，無論是工作還是家居空間的狹窄、室外休憩空間的貧乏，都加劇了生存的意象。大家可能也有與家人同住、欠缺私人空間、進而產生磨擦的經驗。通常這個時候都會疑惑：為甚麼會生得這麼屈就？又或者逛街的時候發現沒甚麼地方去，到處都需要花費，而自己已經花光微薄的薪金。這種因為空間的壓迫而產生的生存感，似乎在香港無處不在。

打造理想生活的城市

作為國際化的都市，我們需要嘗試脫離只是供給基本需要的模式，將期望與現實拉近。應該要多聆聽大家的願景，並在空間層面做出嘗試。其實，如果環看近年的設計，西九的大草地便是一種有追求的做法，與過往於市區小修小補、近乎夾硬放進去的公園截然不同，不是以最低限度地「出現」，而是一些大家樂見其能充分享受的方案。當看到一家大小在西九草地上遊玩，他們那種遠離煩惱、快活的瞬間，才是我們應該擁有的生活模樣。

西九文化區M+大草地

優秀的社區空間和建設

將生活品質要求普及化

這種「基本」的設施在香港這個富裕的都市其實並非完全不存在，只是大部分人都沒有餘裕享受。我們需要做的其實是確保這種生活的模式成為一種可達至的普及程度（Accessibility）。將這種可能性變成不是一小撮人享受的權利，提高整體生活水平。比較容易入手的是提供更多公共空間和選項，降低享用空間的門檻，予人足夠的選擇去過日子。

將心比己的設計

當進行城市設計的時候，管治者及設計者需要撫心自問，如果要我們自己使用和生活其中，水準夠好嗎？許多時候答案顯然易見。在政策的角度，用最少的支出達成目標就已經算是完成任務，但其實這種維持基本需求的想法已經不合時宜。每當有人提出新的發展方案，應該問的是我們期望過上怎樣的生活。

思想

03

有人說要在香港生存，就要適應香港做事的邏輯，跟隨制度內的思維迎合大眾才可以做出成績。然而，社會上存在着太多為做而做、表面光鮮但卻毫無意義的想法和操作。當我們認真剖析這些想法的動機和產物，許多時候會與初衷背道而馳，這或許是來自對於所相信、想實行的概念不夠認識，導致陷入了認知錯誤甚至迷信的境地。如果我們能夠更徹底地檢視自己的想法，結果可能很不一樣。

301

307

醜陋的
IDEOLOGICAL UGLINESS

302

303

304

305

306

308

309

← 綠色建築的迷思

綠色建築、環保建築是大勢所趨，隨着社會逐漸進步，都市人對於環境保育的要求相應提高，企業要保持形象，新建樓宇對於環保亦需要多少有所着墨。然而，當對環境較為健康的選擇與金錢的付出去比較後，往往就剩下口號式的支持，看似環保，但實際佔比或許不是很多。

說易行難的環保企業

凡事要實行都需要誘因，為地球着想，為環保奮鬥，對於小市民而言，或許這是個人的願景和實踐，然而在公司營運的商業角度，實現環保之困難其實的確可以理解，始終沒有利益就沒有緣由，所以自自然然出現了大量點到即止（甚至本末倒置），反而耗費更多資源的綠色事業。

由心而發的綠色Vs.企業形象的綠色

許多情況下真正綠色的地方都是不會被輕易看到，在空間密閉性的處理、特殊窗框的細部以防止溫度流失、天台的太陽能板，都不是公眾視線所及，所以才會出現嘗試塗上綠色油漆去彰顯企業形象的有趣現象，當然較為合理的做法就會是將綠能數據以碼錶的方式輔以圖表向公眾宣揚，但這種種都顯示出企業對於利用環保的心態。

植物牆、天台綠化等等種植項目只要易於保養，於建築提案中表面上是受客戶歡迎的，因為這些屬於可看見的綠。建築師往往都會在圖面放上很多綠色植物，但經過多輪刪減，最後的成品通常都所剩無幾，而亦少有大眾可以使用或者享受的綠色空間。記得我們與推廣市區耕種的「雲耕一族」創辦人之一 Andrew 曾進行討論，他形容香港的植物在項目中往往是次要的、後置的、不被重視的，往往得到能夠種植的位置都是沒有陽光、不怎麼適合植物生長的。

「你可以加入一點綠色的元素嗎？例如牆身選綠色就可以。」

澳洲墨爾本動物園展示環保系統的背後運作，都未必能讓大眾有深刻記憶

思考是否真正的環保

正所謂好座向是對於環保成功的一半，可惜在密集的香港市區，能控制的座向選擇並不多，在大部分都要緊貼地界建造的情況下，出現西斜或者室內溫度失衡的狀況並不罕見。比起自然通風，香港對於冷氣的依賴比許多其他國家都大。而科學地研究如何能夠在自然通風下保持室內舒適，選用適當的物料、隔熱方式，於冬天保持室內密閉度，才能減少用電量，是比起形象更有價值的長遠綠色目標。墨爾本的Assemble住宅的建築師為了提供更好的通風和微氣候（Micro Climate），在建築中用寬闊的室外走道代替封閉走廊，換取地區政府同意減少街道後退需求，建造出非常舒適的居住環境。而要談及較大規模的早期綠建嘗試，或許要說起墨爾本聯邦廣場地下佔地極大的「石屎迷宮」，透過混凝土牆儲起夏天晚間空氣的清涼，待日間炎熱時便可將廣場空間溫度下降。

上： 荷蘭的TU Delft　|　下： ACROS福岡是少數能夠有如設計初表大量種植植物、融合建築的案例

> 比起隨意「放上去」的綠，
> 能夠使用深入用家的綠更為優勝；
> 而對比外地例子，
> 香港的綠色植物大多是被放上去的，
> 並沒有貫徹於建築中

在香港並不是完全沒有這類注重環保的建築，只是整體風氣未有國外普及。香港雖然有各種綠建評估去鼓勵新建築以更環保的方法去建造，但與世界通行的其他綠建評估一樣，會出現取易捨難的情況。澳洲在採用這類評估以外，亦將氣密度和能源消耗計算（JV3）指標放進規例中，確保新建築的環保標準與時並進。而當我們選擇貌似環保的選項時，都要仔細問心，究竟這種做法是否真的合理。譬如坊間有土磚回收計畫，如果在本地使用當然合符環保原則，然而如果需要跨城運送，過程中所耗費的碳排放就可能已經超過回收的價值。所以，設計者應該深思熟慮、仔細分析過後，才作出對環境最有利而有效的做法。

由外到內　綠色包裝是第一步

既然知道發展商在意的是形象價值和成本效益，能夠推展環保部件的方式就是將綠色包裝成對客戶有利的選項，教育客戶如何使用、宣傳，並獲取其他持續性利益，以抵銷一次性綠色建造的開支。亦可將長遠能源以圖表和效益作為理據，懂得能溝通的語言，才能讓環保設計得以推進。

當然有些綠色設計到最終只是表面綠色，在盤點利弊後不一定對環境帶來好處。但這種付出是完全沒有價值嗎？表面綠色其實是趨向真正環保的第一步，慢慢整體社會會開始檢驗成效並且有要求，不再接受表面功夫，但可以肯定的是表面綠色起碼對於教育推進有幫助，使更多人以其他形式對整體生態更關心，以個人層面參與其中，每個人的一步或許就能彌補這種「假」綠色的虛偽。

302 ← 進步的科技假象

數碼港、科學園,還有因應北部都會區而最新計劃的東部科技走廊,都好像展露了我城這些年來在科技發展上追求進步的決心,加上由前屆政府開始成立的創科局也被改組為創新科技及工業局,亦顯示管治班子希望能更貼地去執行追上時代的數碼轉型。那麼在科技的運用上,這種發力是正確的方向嗎?抑或香港真的很落後?大家對於城市生活中的科技可能性又有多少掌握呢?

> ## 科技始終來自於人性!

近些年若果談論這個「落後」的議題,總會有人提及微信支付和八達通之爭,特別是經常往返內地的香港人和部分來自國內的遊客,會嫌棄不能使用二維碼作付款之用,因為內地基本上完全不需要用現金,日常交易都可以只靠手機完成甚至作身份識別,予人一種非常方便且「先進」的感覺,因為一機在手就萬事通行;對比之下香港現金依然大量流通,而最普遍的流動支付方式是一九九七年已經推出的八達通——世界最早且成功普及的電子貨幣系統,其簡單便捷的無線技術與比較高的私隱度,更成為各國和地區參考模仿的典範案例。

然而莫論這兩種發展分別有其獨特脈絡,筆者站在成長於香港的角度,八達通從無到有,所以手機支付看來也只是選擇多了,並沒有覺得關乎進步與落後;且如果到別的地方時不能使用自己生活環境中習以為常的支付方式,也似乎與先進與否沒大關係?例如往日也不曾聽到有多少人會抱怨到內地不能到處使用國際通行的信用卡,可現在反而會看到外國旅客因為沒有安裝中國的手機支付應用程式而寸步難行,可見好一部分的民眾並不真正理解甚麼是運用科技的進步。

建於啟德發展區的香港首個區域供冷系統已經投入運作

智能家居的啟示

就如智能家居這回事大家都耳熟能詳，因為其發展推出至今少說已有幾十年時間。可是我們相信即使現在去街訪，問問大家甚麼是智能家居，答案很有機會如下：

「就是可以遙距控制家裡的電器吧。」
「用手機改變家中燈光和氣氛？」
「應該是可以聲控一些設備……」

然而這項技術最想做到的，其實是家居生活的全面自動化，回家步進屋內相應位置的燈光就會開啟、室內的溫度和濕度會根據偵測到的人體狀況作最適當的調節、電腦程式會懂得按照屋主的生活習慣去進行智能編程。只不過要做到這種程度，其實需要前期很大的時間和設計的投入，暫時都不是可以透過加裝現成的設備去達到那種既美觀又實用的效果。

更莫講所有智能系統其中一個終極目標，就是要最大限度地以具效率的方式讓社會運轉，同時提高大家生活的舒適度。若只有一家半戶在單位裝修時做這項「改進」，從整體的實際效益角度來看就多少是隔靴搔癢，只會淪為某種商業操作譁眾取寵的裝修噱頭。

因為要想達到這個目標，最起碼要全個屋苑甚至是一整個區域都安裝同樣的設備，讓系統得以用最高效的方式運作：A單位暫時用不到的熱水可以透過熱交換器為B單位的冷氣蒸發器所用，且裝置更因眾住戶分享共用而減省成本，例如啟德發展區內的區域供冷系統就是本港一次新的嘗試，這種才是我們作為城市中資源的淨消耗者需要認知的科技進步方向。

年中各類科技產品展會多為商業採購，鮮有讓大眾參觀

度身訂造的在地科研

同樣的道理也可以套用到城市整體對於新科技的應用和普及，我們應該要注意不要因為事物的流行和新興而一窩蜂去跟從，如果在不理解的情況下動用資源投入一些實際未必適合這個城市或為其帶來正面作用的項目，最後就只會淪至為做而做。

同時亦因為大部分市民都不會是相關範疇的專家，即使官員也未必全然熟悉新技術的種種，所以一個認真希望持續發展的城市需要的，是由該範疇的人去不斷進行在地研究，由自身的問題作出發點去尋找合適的解決方案，並在實踐中不斷修正和改善，絕非一蹴而就的東西。

可是，香港的學生雖然無論成績還是各種能力都屬於國際領先水平，也不乏在世界舞台上發光發熱的學者和科研人員，但明顯地在這個基本上完全市場主導的社會，整體對於研究與開發（Research & Development）的投入相對其他商業部分來說比較低，久而久之造成一種風氣：大家多會傾向看輕這種吃力不討好，需要長時間投入回報又屬未知之數的領域：

> 「這工作有甚麼前景？」
> 「沒有收入還要不斷注資？」
> 「未知幾時才能獲得研究結果？」
> ……

大概亦側面解釋了香港金融行業的蓬勃，也所以香港出生的諾貝爾獎得主，他們的研究都不是在本地進行或獲得援助的，就此來說要改變社會風氣，把城市建設得更符合在地需求，除了要加強全民對科技的認知外，更應該要長久提升本地創科研發產業的發展。

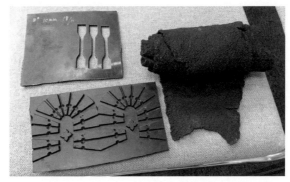

本地回收廢棄舊車胎再造的膠原料

303 ← 翻新與汰換

香港雖說只是彈丸之地，但其實也有說起來不甚短的歷史，經過世代變遷城市演化，年輕人在此時此刻，時常發現對往事不甚認識，從宏觀去看，香港似乎既熟悉又陌生。在急速汰換的城市肌理中，能留下來的痕跡並不多，除了高速發展外，對於翻新的取態亦是原因之一。

徹底抹去舊痕跡

這或許是整個社會的習慣，由新科技新產品以至裝修重建，我們對於新事物總是抱有好奇和渴望，生怕沒有跟上就會落後於人。我們不斷的吸納，卻很少留意或者活用現有的美好。連深入民心的歌曲也懂得頌唱——黃偉文在《燕尾蝶》中就是這樣寫道的：「蝴蝶夢裡醒來，記不起對花蕊的牽掛」。在不斷的推倒下，我們很快連記憶也沒有了。

把過去抹走推倒重來，所做的其實是取代而非演化。如在社區重建，我們傾向不看重原來脈絡，把城區看成可以繪畫的白紙；如在樓宇重建，我們不是整座拆毀，就是用盡方式套上新外牆、假天花或者裝飾面把舊有痕跡完全覆蓋。許多人抱着既然要進行工程，就當然要翻天覆地，做出明顯與前人不同的樣貌，才能算得上值回票價。往往因為這樣，我們甚少考慮如何保留、如何保育，而現在的建築與肌理又有甚麼其實對人或者對社區是重要的？

荔枝窩村過去十年間經歷不同項目，嘗試將歷史重現社區

「給我全部都換新，舊有的都蓋起來。」

荃灣南豐紗廠比起將牆身重新翻新，選擇保留其歷史遺留的狀況

讓時間成為附加價值

你可能會覺得，近年政府不是有在保育上努力嗎？確實，隨着市民的關注度日長，政府在保留重點舊建築上的確有在進行。可是，筆者所指的是整體城市的面貌與習慣，除了單幢建築，對於方方面面的環境我們都應該嘗試選擇性保留。譬如經營多年的涼茶舖結業後，後續使用舖面的人會不會考慮保留部分裝飾或者元素，改成新用途，讓街坊的記憶還在，同時又能做出有特色的店面設計？當然這樣設計會花上更大的力氣，但對於歷史的延續卻有很大作用。或者這類傳承的思考實屬少數，但時空的斷裂令我們難以追溯過去，也無法鞏固對環境的情懷。

德國科隆Kolumba的加建設計讓舊建築更顯重要

求存同異的活化再生

然而香港並不完全沒有這樣的案例，隨着國外開始盛行活化利用（Adaptive Reuse），我城也開始有不同的嘗試。譬如香港建築事務所Eureka 設計的中環卑利街Crafts on Peel，正正將舊有的牆身顯露，讓大家看到原來的面貌。園景的例子則有 2 Square Metres 荔枝窩村項目，探討不以推倒重來的模式去活用現狀。而國外優秀的例子，則有Flores & Prats的Sala Beckett，在舊劇場的翻新中，將不同時期所留下層層疊疊的部件作同時展現，讓遊人感受到其時空的錯置，亦會引起大家興趣去尋根。

其實我們不難發現，經歷時間洗禮的物件和空間其實是會散發出一種獨特的韻味，比起直接抹去，妥善的保存這些部分，有時候反而令整體項目更有價值。所以我們不應該視舊有的東西為進步的障礙，而是找出方法傳承下來，而不是用推土機連根拔起，這樣才能鞏固我們的根。

notes：巧妙融合新與舊

Eureka - Crafts on Peel (Photo: Bai Yu)

304 ⟵ **目中無鄰**

在舊區中遊走，我們不難發現各種新舊交錯的建築，在舊建築旁邊新落成的玻璃幕牆大廈就像是時空交錯般蒙太奇在一起，形成奇妙的街景。這可能是不少外國人第一次遊香港的印象，而我們自小就習慣了這種錯置的感覺，甚少質疑這種獨善其身、不理環境的設計是否出現了甚麼問題。

建築學初論 – 基地概念

基地作為建築學的基礎概念，學建築的人往往必先理解周遭環境——大至整個社區的建築形態特色，小至附近的建築物料、樹木的位置。無論最終設計是要突顯設計本身，還是融合環境，提出相對應的回應(Response)才算得上是盡了建築師應有的責任。然而這種大學中所重視的概念於現實中卻往往不是設計的首要考量。

新舊交錯的獅子山下

「總之我要我座樓唔同。」

澳洲Art Gallery of Ballarat透過參照附近建築屋頂做出回應

RESPECT　風貌是一種累積

最近泰迪斯在墨爾本工作時遇到一個項目：因為
附近社區樹木高而茂盛，市政府的規劃師提出為
了保持社區街景，除了要保護路邊的樹木，更要
以植物去粉飾外牆，令新建建築不會太過突兀，
融入綠色之中。當然這種設計回應有各種的實行
方式，但當這成為一個必須考量的因素，才更有
效讓社區特質獲得尊重和承傳。

的確，在香港要找到可以參照的社區特色並不容
易，或許我們可以從使用的顏色和建築構件開
始，嘗試作出回應。如果不適合，其實仍有許多
自然風貌可以作為設計的原點。當我們慢慢累
積，對周遭環境更用心回應，整體社區就會顯得
更和諧、更融合，而非爭妍鬥麗、譁眾取寵。當
有足夠項目讓這些想法累積，自然能夠在個別區
域形成一種無形的牽絆，產生社區效應，令大家
對於社區更有歸屬感。

社區的樹木需要更被珍重

美孚饒宗頤文化館的升降機

自成一格　忽視社區元素

在忽視社區元素長久下來的今天，我們使用的設計語言雜亂無章，難以累積。在國外我們會看到某區出現一些富有特色的物料，譬如因為區內過往有磚工廠，便出現了許多紅磚建築；亦有地區可能曾經住滿越南移民，建造特色亦會受影響。可是香港的狀況是我們甚少借鏡任何區內發展或歷史元素，往往都把自己的項目看成獨立個體，好像如非歷史建築保育就不需要關注或者引用周遭。

外國新建築　重視街區原來風貌

澳洲和英國於審批改建或新建築的時候，都非常着重社區現有形象 (Neighbourhood Character)，需要提交對附近社區有何影響的報告。規劃大綱上亦會註明期望街區保有的樣貌，無論在高度、外觀、形態，甚至物料上都會要求尊重原有肌理。建築師通常會在提交基礎設計時，列出建築如何回應這些訴求，並在會面批核時解釋其設計。國外重視區內居民和風貌的程度與香港大相徑庭，在香港唯有靠建築師自行注入社區元素。

305 ⟵ 城市人的三秒鐘熱度

不要誤會這是錯別字，因為是真的想寫「三秒鐘」而非「三分鐘」，且讓我們娓娓道來。

香港生活節奏急速聞名遐邇：所有旅客都跟不上的步速、在移動的電梯上繼續走動、食飯有時限、下班直接去機場、落機直接去上班、小巴要裝限速器……基本上只要香港人到外地旅遊時，就會發現自己的日常與「慢活」完全沾不上邊。

這種港式節奏似乎也影響了大家對待身邊事物的態度，在日常生活各方面都充斥不同潮流，無論衣食住行都可以在一定時間內觀察到某種主流傾向，不論是韓式妝容、文青衣着、「阿媽家姐」(Omakase)、輕奢風裝修，還是日本臺灣冰島自駕遊，就算不是一窩蜂都起碼是榜首的熱度話題，身邊總有人參與其中。

「唔使急，最緊要快！」

一直都在的「兩餸飯」這次會盛行多久？

獨特景觀的存留影響着城市予人的記憶點與氛圍

新鮮感Vs.可持續性

可是當「慢熱」的人開始對相關事物產生興趣時，風氣便已經轉變，該熱話已不再是得令潮流，已經又有更新鮮的話題、活動體驗取而代之。這種經驗並不那麼罕見，長則可能每半年、一季經歷一次，短則可能一星期未過就已經成為要特意去搜索的舊聞。即使我們不去探究是否有商家、傳媒帶風向，香港人似乎也屬於專注力不足、善忘的一群。

所以鮮少聽到有類似外國般「星期二披薩夜」、「周五咖喱日」、「週末電影天」等的固定生活習慣，特別是年輕一代會跟着現在風行的短片分享平台，每天去不同的新熱點排隊打卡，有固定光顧的店鋪或未曾改變的喜好可能已經會被視為老套。而當這種生活模式成為一個城市的主流，大家就會更大機會對身邊事物的消失不再敏感，亦越少會去思考東西的可持續性。

環觀世界各地，不管是旅客願意一再到訪的小鎮，還是實力雄厚的國家名城，都多少會有成為了熱點的古舊城區，大的例如巴黎、倫敦等歐洲首府，局部的亦有像京都的祇園周邊、東墨爾本的舊市郊，甚至只是街區大小的也有如新加坡的牛車水小印度，或是臺北的大稻埕迪化街。上述這些地方雖然發展時間原因各有不同，但全都一致地因為其本身所擁有的歷史背景，結合該地點的空間環境才能呈現出自身獨一無二的故事，就這點大家可以用數秒鐘在心中回想一下香港。

想想是甚麼令熱點歷久不衰？

速食文化下的傳統價值

若從另一角度去看這種風氣所帶來的影響，就是速食文化很難能形成任何積累，試想想當你知道一樣事物獲得的關注或出品欠缺長遠的將來，你還會願意投放多少資源及時間在其中？顯而易見的答案，只要環顧我城時，看看有多少非大集團及連鎖式經營的店舖可以用十年計的時間持續經營便能得知。獨立經營的商家要不缺乏繼承者或人手配合，要不捱不起昂貴的租金，無以為繼。

又或者因為市區重建，令到舊街區面臨整體移除，雖然說面對香港過萬幢日久失修、樓齡超過半世紀的樓宇，一定程度的區域更新是無可厚非，但我們的能力和需求是否只能止步於將所有用多年建立出來的街頭故事和社區脈絡，連根拔起、完全推倒重來呢？囍帖街的事例或許是「邊緣小眾」的，難保下次如果是鴨寮街、女人街，甚或是果欄？其實一切都已經在進行當中，考驗的可能就是大家是否願意放慢速度。

三秒鐘熱度最令人無語的就出現在最後幾天營業的店外人龍上，可以戲謔地說：香港最興盛的行業就是夕陽行業。主流的價值觀好像從來沒有將這些已經做了幾代人的營生、這些已臻匠境的技藝，或是這些世界獨有的味道……放在盈利以外的天秤上衡量，看出當中成為傳頌香港價值代表的可能性。其實我們可以完全去為打白鐵感到自豪，為手造即蒸點心喝彩，以雙層電車、巴士、小輪為城市象徵，著書立說研究它們，使這些成為我們的美學根源，而非讓隨處可見、無故事底蘊的東西去代表自己，猶如繼續尷尬地使曲奇成為「香港著名手信」。

306 ←——— 罐頭建築設計

如果正在唸設計或者建築學科,應該每周都會遇到評圖 (Desk Crit),亦會有中期 (Mid Crit) 和學期末匯報 (Final Crit)。導師透過詢問你設計本意,去了解你的想法。有時候缺乏細心思量的話,會被問得啞口無言。在多年激烈的問答練習中,有些人已經訓練出胡扯也能說出一個聽來合理的解釋,亦有人為了能夠容易回答問題而在設計時處處謹慎。

緣由與無中生有

有根有據、確保設計的處處都反映着概念,看似是建築學科學生所應該具備的能力,而能夠解釋設計緣由,其實是好事,代表設計者有思考為甚麼要這樣做。然而,當過分吹毛求疵地追求根據,則會變成設計的牢籠。譬如不少學生在做以香港為題的功課時,往往喜歡過分地分析香港擠迫的環境,作為設計的原因,看似非常合理的過程在繼續詢問下去後,卻會發現背後沒有清楚的動機,只是因為看似是有所依據的便使用。

合理性的安全感

這種看似有根據的安全感,有部分是因為我們只在局限的認知範圍內不斷重複嘗試,而沒有走出舒適圈。這種安分守己的模式使許多人放棄了在學生時期應該作的突破,浪費了許多機會。建築設計本來就是一種挑戰,去假想創作新的理念和進行測試,建築設計往往嘗試解決的都是沒有確實答案或者數據不足的難題。如果年輕學子認為能夠透過一次學生作品就能解答所有疑問,譬如能夠把老年化社會問題解決,也未免把自己看得太高了,現實中一個想法的證明可以耗盡一個人一生的時間。比起陳腔濫調的設計方案,許多情況下優秀、有足夠深度的學生命題和解答,在最終報告通常都仍存在着疑問,但這就是闖出舒適圈,去窺探未知的最好證明。

真正重要的或是生活感受和無法量化的價值

個人色彩的創作

其實設計靈感並不一定需要具有公共
性，有時候來自個人的靈感反而會造
就有人味的設計。譬如澳洲建築師
Clare Cousins在一個講座分享中，曾
提及她成長於一個種滿各種果樹和花
草的家；因為自小對於嗅覺的感受豐
富，導致後來她的設計都會透過園境
特別注重呈現嗅覺的體驗，從而造就
了一種個人特質。國外亦有其他建築
師會鍾情於某些藝術創作，而在設計
中注入元素，造出一種獨到的色彩。

香港建築習慣將合理性和效益推往極致

日本犬島家計畫的花園充滿魅力，讓人留下深刻印象

超越常規的自由設計

由學生時期到在社會工作，香港建築設計在過程中能夠充分展現個性的情況並不能算是常見，能夠不因為他人質疑而堅持創作的人更少。在筆者讀碩士的時候，有一次設計遇到瓶頸，導師當時建議我嘗試將十座自己喜歡的建築融入正在做的設計，看看會發生甚麼事。這看似胡鬧的舉動，其實用意只是在於打破原有的局限，從未知或者異處硬塞入突破。

建築師是強烈地追求理性的生物，然而我們在這理性的追求中，許多時候會迷失。適當地接受突如其來的靈感，並且以開放的態度去先嘗試看看，其實可能會設計出更自由奔放，更不受框架局限的建築。

KPI 和無法量度的**價值**

本身 Key Performance Indicator（KPI）這幾個單詞我們都不陌生，放在一起也全然能夠明白，但重要的是大家有去思考其與自身，和這個我們生活的城市之間的關係嗎？

首先在討論價值之前，應該要談談「價值觀」，因為作為人生三觀之一好像常常會被靈魂拷問。如果突然在街上遇上訪問，主持人問：「你的價值觀是如何的？」能想像大家都應該會「唔……」上良久吧，這絕對是人之常情，因為一般來說我們的價值觀並非能夠一概而論、簡單用三言兩語就可以闡述清楚的，多是透過發現自己跟別人對待同一事情的態度不同時才意會到，而且會隨着遇到越來越多的事物而更明瞭自身的那套價值觀。

走得太快的速度

而因為群居的人類有若干的趨同性，或通俗一點說是「近朱者赤，近墨者黑」，所以大多住在同一個社區甚至城市的人，都可能會有類近的價值觀。即使不是相同到全票同意通過的地步，但至少我們都在價值觀上願意服從這個社會的遊戲規則，相信要維持系統的運轉大概需要某種制度。那就香港而言，普遍有怎麼樣的共同價值觀呢？

「出咗半斤力，想話攞返足八兩。」

好一段時間以來，香港因乘着全球性的經濟起飛，憑着歷史背景與獨特地理優勢，不只發展成亞洲四小龍之一，經濟上僅次於紐約倫敦，甚至文化上也被譽為東方荷里活；可是因為同樣的獨特原因，這裡一直都瀰漫一種「這是個借來的地方，用着借來的時間」的説法，雖然在過去差不多二十年間，或許因為沒有了所謂回歸期限的時間束縛，對本土文化的認同和歸屬感越見興盛。

但因為高度資本化的結構已經巍然而立，所以被迫參加這個社會遊戲的大家只能盡量往前看，習慣了不斷發展，熟悉了汰舊換新，將所有事物都用利益數字換算，好像沒有經過量化的東西都沒多少討論的價值。由筆者小學年代常識課開始便琅琅上口的「十年建屋計劃」、「八萬五政策」；到後來「公私營房屋比例由六四變七三」、「公屋輪候時間由曾經的兩年內升至現在的六年」…… 好像安居樂業要關心的除了數字還是數字。

高聳的住宅、高密度的人口、高壓的生活

在指標和績效以外

可能這就是KPI在香港的某種出處，既是
Indicator（指標），又是看Performance（績效），
還要是Key（關鍵）的。如果將社會整體看作是
一家公司，政府作為公司管理人員，倚重數值上
的指標來衡量營運效率似乎無可厚非，可是真的
所有方面都可以用這個方法量化嗎？商業公司檢
討效益是有客戶作為對象，可是一座城市的客戶
如果是居民的話，那如香港般700多萬人的地
方，只參看指標的話似乎很易會落於武斷，而且
政府不應該也不能如企業般選擇去排除任何市民
在「顧客群」以外吧。

除非大家對於同一組詞的意思理解有落差，要不
然對於一個東西文化薈萃、開埠超過百年的城市
來說，為着社會長久可持續的健康發展，絕不可
能只依靠指標和績效來論斷前進的路途，因為即
使小學生也會知道自己是否「好孩子」並不只看
考試成績。所以2022年當知道香港大會堂建築
群被列為法定古蹟，對比以往的評級都比較着
眼於單一建築物的歷史久遠程度，134處古蹟的
年代泰半超過120年，真有種「終於等到有所長
進的這天」般的感覺，因為大會堂建成只有60
年，與城中很多其他建物相比不是絕對意義上的
「古」，然而它對於香港的重要性卻不言而喻。

那麼究竟一城孰朱孰墨，同住的人們希望用甚麼
價值觀來示眾，在社會需要可持續健康地發展的
前提下，我們是否還應該耗用緊拙的資源；只着
眼利益上的績效和短期的指標數字：究竟是在沒
有整全的人口政策下追趕建屋量，還是該關心如
何提高住屋的品質或城市生活的健康度，且看其
民自己之選擇了。

不論是一個城市還是當中的人們，所追求的都不會是水中月鏡中花

專家的盲點

在電視機前我們經常會聽到各種專家的意見，確實在工程上也是有不同專業，通常結構歸結構，機電歸機電，始終術有專攻。但在設計和社區參與上，不假思索將所有決定都留給專家，就不是最佳做法了。

專家之必要

確實我們在做決策時多了解不同專家意見是好的，因為許多時候他們對於某種範疇的確有專精的部分。這樣的情況在需要精密計算的時候尤其重要，甚麼是足夠的送風量，以至醫療上藥物對身體的影響，這些都是科學範疇，有相應明確的答案。然而在現今崇尚權威的年代，好像甚麼範疇，甚至雞毛蒜皮的小事，都需要找出一位「專家」說說意見才能安心。

社會相關議題的專家的確並不會毫無理據地提出意見，背後還是有許多數據和分析支持。然而在專業的框架下，專業人士和專家都有明確需要跟隨的方式和規範，許多時候這其實是一種思想的局限。在考慮到專業名聲、意見的穩當性之後，提出的方案往往來得比坊間或者有創意者保守。在新聞媒體上，我們聽到的好像都頭頭是道，但其實是連街市賣菜的阿姨也能說出的道理。而且在專家的角度，自然會產生盲點，在現今經常出現跨領域影響的年代，我們或許需要的是更廣泛和勇敢的想法。

深水埗棚仔已經圍封有待清拆的狀態

「我們相信相信專家的意見，直接採納就好了。」

專家與非專家的利弊

其實專家的初步分析可能是中立地建基於對事情的研究，但從出資者或者使用數據者的角度出發，透過發佈選擇性資訊，很多時會出現早有前設的趨向。特別在關係到大量土地使用和利益的狀況下，要能夠平衡客觀地為整體社會謀求出路，實在不容易。

有時候比起專家，非專家的想法也可以非常有價值。近年各種與社區緊密相關的項目都出現了民間方案，譬如討論深水埗舊棚仔的時候，就有提出過「棚仔民間方案」，從使用者的角度出發，設計出對社區有利、貼地的模式。這是透過上而下（Top-Down）設計所無法達成的。而「棚仔建築記錄組」亦透過非傳統的記錄模式，出版過名為《三十三間棚仔》的四冊小誌，對棚仔建築、運作、生活和自然等方面作出分析和理解，對於空間和地景的價值有着與冷冰冰數據不一樣的解讀。

> notes:
> 着眼於使用者和社區參與

Pang Jai
Community
Fabric &
Fashion Hub
棚 仔 社 區 布
藝 時 裝 中 心

A Social Enterprise Proposal
社 企 計 劃 書　棚仔

棚仔民間方案

遷往橋底的「臨時」建築人流大減，缺乏原有社區活力

「No dumb question」

香港是一個懼怕公開發表意見的社會，在會議上大家都努力避開成為焦點，因為提出意見就有可能引來批評。然而在社會設計下，每個人其實都是持份者，在社會中有其角色，為甚麼我們不能成為生活的專家？比起放棄這種思考，並將生活的責任交予「專家」，我們其實應該勇於表達願景。

憑空説大家需要想像似乎非常困難，但其實可以做的第一步就是經常對身邊的事提出疑問。試想想如果我要改善這個環境，我會做甚麼？就算是雞毛蒜皮的事情、天馬行空的想像，其實都有其價值。在國外學到最重要的思想就是「No dumb question」，因為你所提出的有可能正正就是專家的盲點。

為甚麼我們不能成為生活的專家？為甚麼我們不能成為生活的專家？為甚麼我們不能成為生活的專家？為甚麼

309 ←—— 難以親近的植物

我們談過各種各樣跟香港不同空間相關的話題，但大部分的內容基本上都是圍繞着市民，這次來轉轉視點一起來關心一下城中的植物。正如作家劉克襄在《四分之三的香港》一書所述，我城大部分土地其實是滿佈着植物的郊外地區，而且與民居之接近甚至有村落是處於郊野公園之內，顯然這些自然地方大部分是市民能夠與之共生的。

十年樹木 百年樹人

除了完全不難接觸的鄉郊野外，香港市區中也有很多種了植物的休閒空間，包括各式公園、遊樂場、運動場、休憩處等，另外還有街邊馬路旁的樹木和附生在不同夾縫中的植物，這些都使得香港這個「石屎森林」多少有點綠色點綴。只是在我們由童年開始的記憶中，這些嫣紅柔綠都是只可遠觀不可褻玩的，告示牌上的「不可隨便踐踏草地」甚至有出現在課本中。

透過活動開闊對親近草地的經驗和思路

被過度保護

現在回想那應該是屬於公民教育科目的篇章，可也正正是我們想着墨的地方，如此去教育我們下一代的這種想法其實從何而來？為甚麼草地需要被圍封？為甚麼要用鐵欄隔開植被？放眼世界各地，幾乎無一個地方會有香港這種做法，可以理解所有植物都需要護養的時間，所以在特定時間分段的圍起花草樹木來灑水、除蟲、施肥，甚或只是讓其休養生息一下，絕對無可厚非，因為在城市空間比較難天生天養。

本來應該只是臨時性質的行動，在香港卻長期進行中。我們不難看到難以親近的植物、樹立在休憩空間入口前的一大串禁止事項標誌，以及在每個轉角都可以遇到的保安人員。「請勿踐踏草地」「請勿採摘花草」「請勿攀爬樹木」「請勿內進」「請保持距離」「請小心落葉」「請小心草木尖刺」「⋯」究竟是人類的公德心太弱破壞力太強，還是捱過了冰河時期恐龍滅絕的植物太寶貴，抑或只是管理主義（Managerialism）作祟，把植物當成了這城市佈景中的裝飾品，而不是我們日常生活裡的一分子？

比連根拔起更慘的是讓根生長的空間都沒有

市區中的大榕樹都是歷盡艱辛才屹立至今

一年兩次的魚木花期成為大家的共同記憶

比規條更有力的品德教養

又或者從另一個角度來看，被過度保護的會否是市民大眾？為免大家有所損傷然後作出投訴，不信任地預判大家不會有愛惜之心，認為要有規條才能讓人信服遵守。其實要長遠減低城市運作的各種成本（不單指金錢，更多的是人力資源和時間的投入），最重要的是提升社會的公德標準，從小令下一代能耳濡目染怎樣才是跟植物、大自然，乃至宇宙萬物共生的生活方式。

建立這種屬於全民的共識，培養對自己所居住城市的歸屬感，從而孕育由心而發的愛護之情，應該比反其道而行地列出強制禁止的事項要來得更文明。當然於撰文的此刻，從各個擁有大草地公園近年的使用狀況，城中會有不同季節的賞花熱潮，甚至大家開始在意街道上的喬木有否足夠空間讓樹根生長來看，在這方面似乎已經有長足的改變。

方法

04

建築無論是由概念的產生、設計的推
展還是現實的建造和實踐，都需要方
法去生成，如果要造出理想的項目，
每一層的步驟都需要謹慎貫徹思想。
唯獨是香港在設計到建成都有許多不
同的因素導致我們所憧憬的成品變
質，有些可能來自外力影響，有些純
粹是設計師選擇了方便輕鬆的途徑，
種種原因都令設計難以保持純粹，充
滿雜質。我們需要的或許是正視各種
惡習，更多對於健全方法的自信和堅
持，並將這種態度和要求宣揚開去。

的醜陋

METHODOLOGY UGLINESS

比賽的機會接近零

記憶所及對上一次我城舉辦建築設計比賽,而獲獎作品是有實際建成的,應該是西九文化區於2017年舉辦的「新晉建築及設計師比賽」展亭:由本地團隊 New Office Works 的 Growing Up 從總共320份參賽作品中脫穎而出,於2019年2月正式落成,展出六個月讓市民使用。該比賽的細則多少有透露這個項目並非永久性的建築,所以當時我們都有猜想這會否是西九管理局一次破天荒的嘗試,讓這個臨時展亭成為一個定期的比賽,猶如英國倫敦的蛇形藝廊 (Serpentine Pavilion)或澳洲墨爾本的 M Pavilion 般,成為一種期間限定讓不同的建築設計師進行空間實驗,雖然只有半年的展示時間便會拆卸,卻每年能成為城中設計文化界甚至市民大眾間的熱話,只是直到這刻似乎還未能看到這苗頭。

不過話説回來,為甚麼會有這種主觀願望?為甚麼這麼看重有否比賽的機會呢?要回答這個問題可能要先從建築設計教育説起——普遍來説在四年的學士和兩年的碩士課程內,設計課基本就只是不斷以專題研習的方式 (Project Based),來讓同學們對該被擬定或自定的主題進行研究,在短則兩星期長則一年的期間跟導師、教授一邊探討,一邊按要求完成設計並在最後透過圖紙、展板、實體模型和動畫等媒介,親身向老師和嘉賓們從頭闡述自己的方案,與他們交流不同的觀點。

New Office Works - Growing Up

建築設計無字天書

因應同學所就讀的學府不同，跟隨的導師不同，涉獵的專題不同，有時即使是同班同學所學到的設計手法和理念都會大相逕庭，所以參加不同地方舉辦的比賽，可以看成是學習建築的其中一環，除了可以繼續磨練設計的技巧，最重要的是透過接受更多評判的檢驗，從而去擴闊自己的眼界。建築物不是藝術品，不由得設計的人任意按心中所想去做；除了需要遵守當地法規、基本物理原則和有限成本等基本條件以外，便是每個比賽各自的不同要求，例如空間面積、環境局限、氣候因素等，而這些便正正是想考驗各位參賽者的東西了。

在另一個層面，學生作品或某些概念比賽甚至可以允許大家脫離所有這些規範去天馬行空，好讓新意念能有碰撞展現的機會。而舉辦有實際基地的比賽，就能鼓勵來自不同地方的參賽者去多方面了解該城市，不但可以透過交流讓參賽者去對外說好城市的故事，對內也可讓本地的學生和業界人士更深入發掘自己居住的地方，成為培養歸屬感的土壤。如果是這樣實幹的比賽，即便最終勝出方案未必會付諸實行，當中對參賽作品要符合本地法規的要求，亦會有助讓行業中人不斷去審視現行流程是否跟得上世界的設計步伐、材料和工法等。

撇除其他方面，當初西九文化區各方案的展覽的確成為公眾焦點，也是上佳的設計教材

留白，成為真正的「創意香港」

可是這方法卻有點鮮見於香港，實際有建成的更寥寥可數，大概因為我城算是奉行自由經濟的資本社會，大部分建築項目都屬於商業性質主導，在成本效益的考慮下，不會浪費資源時間舉辦甚麼比賽。可是我城也不乏各種各樣的公共建築，即使我們有專門負責統籌設計政府物業的建築署，但不計其負責的項目其實還有很多五花八門的建築、設施，甚至物品可以作為招攬創意、孕育美學的機會。在此寄望未來我們可以不要老是要為花大筆公帑而得來的「作品」臉紅尷尬吧！

402 ← 迷信**性價比**

不知從何時開始，在香港這個消費之
都生活，無論是甚麼產品還是活動，
甚至物業的買賣，大家最大的考慮都
是「我用呢個價錢，係咪最抵喫？」這
個本來很合理的疑問，卻在一定程度
的累積下，於當今香港成為某種破壞
之源。

性價比：性能與價格的比值（Cost -
Performance Ratio），亦即坊間經常能
聽到的「CP值」的由來，可說是經濟學
上的名詞，其在普遍的語境裡是大家
在追求越高越好的一個數值，因為越
高性價比，代表用了越低的成本換取
到越多的東西和價值。在帳面上看起
來絕對是「賺到」的意思，但這同時也
跌入了將世界量化的陷阱，顯然我們
的社會並不是所有東西都可以簡單地
只以數值高低多少去表達和衡量。

「總之平就可以。」

清貨大減價與被清空的貨架

價格至上主義

無論是受資本世界薰陶，還是遵循父母的教誨，可能因為賺錢實在太不容易了，節省地追求以更佳價錢獲取利益看似並無過錯，但這種凡事格價的模式好像深入骨髓般很難被破除。而且進一步想，的確直接用不同的數據去支持所有論點，實在更為方便並易於理解，所以也就不難在各種商業機構和政府部門看到如此應用，方便向上司老闆交代之餘，又容易指示同事下屬去以特定數值作工作指標，上行下效之下就是我們另文書及的KPI問題了。這種無時無刻都強調經濟實惠的風氣似乎將價格的因素無限放大，導致許多應花成本的地方被粗略帶過，最終犧牲了使用者的體驗。

只在意價格猶如將未來帶進迷霧

價低者得的實際犧牲

只不過最大的問題是當這種處事傾向成為某種策略方針的話，其中一項最為人詬病的體現就是，價低者得幾乎成為了勝出投標的定律，這個系統顧名思義就是必須價低，要達至價低，最理想的做法當然是找到比他人優秀的建造方法，透過巧妙設計減省成本。然而現實上這種情況大概實屬罕見或只佔工程中一小部分；更多的來自對於物料或者工法的減省，人力減少或者質素的降低，又或者透過選用更便宜的物料來彌補原來目標的賺錢額度。

而對招標方來說，會認為既然標書內的要求對投標者是一致的，那按最大化成本效益提高CP值的角度，選擇開價最低的自然是無可厚非了。但在市民的角度來看，特別是有關各項城市建設的計劃，投標這件事的本質是招攬不同的選擇，不只是價錢上的考慮，更是考驗參與競投者對招標項目的理解，看看他們有否仔細分析標書內容，掌握計劃的真正目的和需求，然後做到對症下藥把成本分配在重要的刀刃上，而不只是按各種未及仔細思考、不夠精準的條列式要求去點對點的提交最廉宜的選擇。

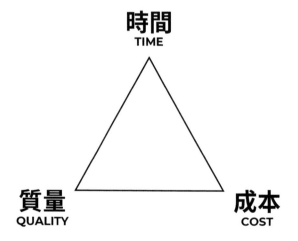

在各種工程設計中我們常用由成本、時間、質量的三角去解釋其本質。任一條件改變的話，三角中的其他項目定有最少一方受影響。譬如，如果我們減省成本，項目質量就會受損，時間亦可能會加長。因為現實上，並不存在魔法般的算式，在等價交換的原則下，必須作出犧牲，而香港最常見的就是犧牲了設計和品質。

要改變這種純粹價低者得的狀況，要改變這種純粹價低者得的狀況，要改變這種純粹價低者得的狀況，要改變

而且恰恰是在過去的數十年間，我城非常多的項目就是走了這條路，好一部分還屬於大家的日常生活。因着追求性價比的緣故，前期所需的精力和時間是節省了，但建成後的結果是否真的「物超所值」，還是連「有所值」都未必達到呢⋯⋯？試想想，正常而言市場上需要某個價錢才能以合理質量完成的工程，如果報價低於可行價格，除非承建商有特殊建造方式去令工程更有效進行，否則就唯有於施工質量或其他可節省成本的地方補回利潤。

價低的盲點

在這種情況所做的妥協，許多時候已經不限於投標的承建商，在設計者的角度，了解這種模式並且因為作價問題而作出退讓，不少人在設計時已經注入了「做不到」的思維，將複雜度或質量下降以配合金額。遵從顧客目標成本乍聽非常合理，然而在不解釋清楚其犧牲的狀況下，讓低成本低質量成為主流，則是對整體設計未來造成每況愈下的惡果。

香港建築業界遇到最大的困難在於普遍業主或者大眾對於品質的影響缺乏足夠理解，在追求快捷和低成本下，他們沒有意識到低質量的風險。譬如寧可選擇較便宜的用料，應該更換的舊喉管先省下來等等。當這個天秤嚴重傾側而使質量受到影響時，便會製造出許多粗製濫造的項目，而亦因大家只關注目前支出，將風險延遲，忽視營運的可持續性，才會選擇這種省於目前，較為短視的習慣。

質量無可避免與成本掛鈎

合理價格的重要性

無論是政府還是私人項目，要推薦作價不是最低的承建商都需要很多原因説明，而這種責任的重擔令非常擔憂低作價的建築師而言，真的頗為兩難。即便在後來的一段時間，有加入了所謂計分制的改進式投標，提交方案要分開價單和計劃書來讓招標方分別評分，以期令方案不會直接與價錢掛鈎，讓好的方案有更大機會突圍而出，我們在此也沒有數據得知究竟普及率有多高，而且正如上面所講，即使知道有百分百的佔比，不去逐個項目案例般的研究審視，大家都無法得知究竟當中實際情況如何，唯有希望我們未至於積習難返可以繼續進步。

要改變這種純粹價低者得的狀況，需要的是從一開始理解客戶對於質量的需求，並清楚説明保留質量和捨棄質量的利弊，從中慢慢建立出一種價值觀，並且找出對大家利益最大化的平衡點，這個過程可謂接近是心理輔導的程度，但能夠確立起來，才能在我城看到更多優秀的項目。

403 ←—— 集體的無要求

咪咪姐的洗牙廣告是香港人的集體回憶,朗朗上口之餘,也似乎真的有讓觀眾思考牙科服務的質素。然而似乎「無所謂」「是但」「你揀啦」,都不難在日常對話中出現,儘管可能大部分情況都只是某種口頭禪的表現,但筆者擔心的更多是這種無意識回應背後的因由。

你發覺嗎?

公共空間或商場等地方取消原本供人休息閒坐的地方;大片的花草植物即使在公園花圃等地方都種在外露的盆內;同一區域內的物業卻沒有統一所有視覺元素,就連垃圾桶回收箱都只直接使用標準方案;因着顧忌未來價值,居住生活質素並不比把村屋 700 呎全建滿來得重要;行車比行人重要,明明隔着一條車路就是目的地,偏偏要繞遠路去上天橋或走隧道;鐵圍欄把路檔到哪裡,人們就會沒有半分懷疑順着走到哪裡……

正常放諸其他情況,大家都會懂得說「這就是羊群般放棄了思考的情況」,可是當置身其中時,上述和更多的類似情況就好像轉變成為無需質疑的日常。「地產霸權啦!想我們要休息就要多消費。」那有無嘗試跟場地管理者提建議?甚或多支持讚許願意設置免費閒坐區的地方呢?;「又沒影響我,種在盆內沒差吧?」難道公園就不應該顧及美觀?而且相比直接栽種落地,盆栽會限制植物健康生長;「不上天橋落隧道,怎樣橫過栽多車的馬路?」質疑的不該是為甚麼行車比行人更重要,甚至主導城市空間的發展嗎?多少導致這城中的很多事物都行禮如儀了許多年。

究竟是真的沒有察覺到身邊這些問題,抑或不覺得這些生活相關的事情是可以改善的,還是有意識問題只是認為沒有能力改變?最不希望的是歸根到底大家的價值觀取向,就是比起美學標準、便捷度、舒適性,其實更重視經濟利益。在此我們無法一概而論,始終一千個人有一千個哈姆雷特。

「咩都咁隨便,邊有人界面!」

notes：要懂得主動提出需求

商場越發提供各種奇怪的座位，甚或完全不提供

To Be or Not To Be

特別香港是個容納了七百多萬人的高密度城市，又有獨特的歷史背景，當中累積的生活方式、文化脈絡既多元又錯綜複雜，所以有些現象由來已久。如果要嘗試解決的話，首先要去釐清當中的前因後果和關係已經要費一番功夫，當理解清楚所有關係後，面前可能就是另一些難題：無論是各種現行條例法規的限制，不同部門的做法和要求，甚至是受眾一時三刻的不理解，在在是容易令任何已經跨過覺察問題並宣之於口這一大步的人也會無奈卻步的。

那麼是否就因為這樣的現實，就放棄對自己的地方、自己的生活去有所追求，就此隨波逐流和退而求其次呢？我們的想像是，希望透過這本書、透過我們的Podcast，先讓大家藉機去多留意身邊的人事物，去習慣思考和多質疑接收到的各種資訊，再從自身出發去與身邊的人溝通討論交換各自的想法，所擦出的火花越多就會有更大的機會去燎原。

行穩致遠Vs.行禮如儀

大概有的讀者會覺得，上面這種「拯救世界」的想法會否清高得有點太離地了吧，因為有能力在香港「生存」大概已經用盡自己的力量：工時長、加班多、壓力大、百物騰貴、價值風氣，就連社會的基本，教育制度都以成績考核作前途標準，還有甚麼餘力去對生活有要求。我們完全不會去否認情況就是這樣，但因為自己也正正是其中一分子，所以更想請大家一起認真想想，如果挑戰這個課題的難度如此之高，好像剛好説明有可能這就是核心問題，特別是如果我們要繼續在這城市生活下去，就是因為其牽連之廣，我們不是更應該去正視和嘗試尋求解決之道嗎？

社區內不同的事物都與我們的生活息息相關

404 ⟵ 擁抱瑕疵

大眾在店舖選購商品時大多會期望所得貨品會與陳列展示般一模一樣的精美,但到了建築物的尺度,能夠接近沒有瑕疵,完美地呈現,反而是比較罕見。始終建築物並不是完全用機器製作,當中會涉及到人手,而每次建造工序或許相似,但過程和實際狀況都一定是因地制宜,所以出現不完美不足為奇。重點是當建築師發現所謂瑕疵(Defects)的時候,後續的處理怎樣進行,才顯出我們是否對品質有所要求。

建築生態與瑕疵共存

大家可能會疑惑,印象中香港工程不是相對先進嗎?確實,香港工程水平雖然比起不少發展中國家要好許多,但比把把工程做得細緻完美、要求匠人精神的國度,本地建築界還是相對以速度為先,務求盡快完成賺取利潤。其實任何國家施工都會出現有瑕疵的情況,只是多與少,嚴重與輕微的分別。一項工程在施工接近完結的時候,建築師往往會擔起檢驗的步驟,嘗試把所找到的瑕疵都標記在一個列表,要求承建商逐一修正。

雖然理論上可以強制要求承建商把瑕疵修正,然而現實上修補的方法都可以馬虎了事,甚至不了了之。曾聽說過一個內地項目的趣聞,師傅在安裝磨砂透明玻璃時不小心把一張紙巾夾了進去,導致看起來有一個黑影,這樣明顯有礙觀瞻的情況,結果到拍攝完工照片時還沒有修正好。這種情況在大型項目也會出現,譬如由 Zaha Hadid 設計的廣州歌劇院就經常被建築師戲言是被施工玩壞了的大師作品,原本應該接合無縫、呈現流線建築美的牆身,最後出現了許多縫隙和粗野填補的痕跡。

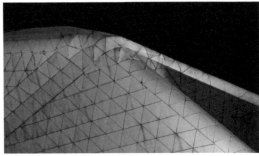

建築過程出現瑕疵錯漏十常八九,施工是否嚴謹細緻很視乎整體風氣和工匠精神

許多情況是提出修正要求最終卻不了了之

notes:在所難免的瑕疵只能盡力避免

撒手不管與認真執漏

這種撒手不管的狀況在香港也會出現，特別是當項目經費其實沒有很高的時候，更容易發生，可能因為承建商已經用盡經費，所以不願花更多金錢去盡善盡美，相信大家在處理自己家居裝修也有可能遇到過。說實話，比起商用項目，家居更容易讓人斟酌於細節，成為日後生活中的眼中釘。這樣撒手不管而能夠成功的狀況，很容易造成變本加厲，整體建造質素下滑。設計師理應有更強烈的堅持，去督促更佳的成果。當然市面上其實仍有很多師傅對於自己提供的成品質素非常在意的，願意花心思去令大家都滿意的。

解決瑕疵或者建造中的錯誤是需要許多經驗和心思的。如果能夠及早發現，就會大大減少難以修正的瑕疵出現，並且找到更適合原來設計的解決辦法。譬如，當像牆磚等建築材料因為批次出現色差，究竟是退回重新訂購，還是透過設計排列造出圖案去解決，這就在於建築師是否有及早被告知，和建築師有沒有打算將這種「錯誤」包容及轉化成設計。可惜，繁忙的建造業界普遍沒有那麼多的人力成本去監控每一個地方，如果我們能比對國外許多小工作室的項目，能夠認真解決每個小問題就最理想了。

將意料之外細緻地融合設計

將瑕疵和意外變成個性

國外有許多項目的營造方法比起香港更重視合
作，工匠與建築師緊密的關係讓許多突發或者意
料之外的發現，都可以透過建築師在地盤的參與
而化腐朽為神奇。這種情況在處理翻新時經常出
現，與圖紙預期有出入或者打拆時發現有意料之
外的東西在舊牆身，如果建築師在觀察後認為
這種狀態可以變成更為特殊的設計，有時會決定
保留，或者將看似是瑕疵的發現以有意義的方式
去呈現。在塔斯曼尼亞Liminal Architecture和
WOHA設計的劇院翻新便有許多透過現場決定和
處理的細緻保留，比起用新磚牆蓋住現有結構，
不經修飾的凹凸不平所帶來的歷史感和層次，讓
項目更加昇華。

← **無靈魂**的跟風

於上一個層面我們曾就香港的潮流更替之快作一番註腳，感概新舊事物的來去匆匆，以致生活可能會缺少某種厚度。但其實這種不斷變動的潮流當中，還可以觀察到人類的另一個特性，而這特質在我城尤顯突出，所以值得書此文跟大家探討探討：「跟風」。

跟風，顧名思義就是跟着風氣跟上潮流，跟隨他人的做法，而人為甚麼會有這種行徑呢？生物學上可能有某種演化上的原因，使我們作為群體動物會傾向於模仿和學習族群中的「成功」例子，從而加大自己也能獲得同樣成功的可能性；又或是跟其他大眾去做一樣的事，務求不要被自己身處的社會拋離甚至淘汰。所以從這個面向來説，跟風是件好事，就如同大家於嬰孩時期都會透過不斷重複身邊人的説話和動作來成長學習。

直接套用非本地的事物作為自己的賣點真的可取嗎？

非持續性的文化

那甚麼情況下才會成為了比較負面的做法？其實人云亦云已經是那個解釋，人家說甚麼你就說甚麼，沒有經過自己的思考，就是一種不應樂見亦不健康的處事方式。特別當那個決定很有可能影響深遠，就更應該慎重其事，例如是家居裝修、投資買賣、身體疾病等，如果只因當前流行的是甚麼北歐簡約輕奢風、開放式Studio單位或是「雲中巴士」等交通工具，便不多加考慮就直接實行，輕則破財失義，家居空間不配合自己生活，重則影響城市規劃，用發展空間作賭注。

而這種「無靈魂」的另一重展現就是當某種事物成為熱潮的話，便會出現短時間內一窩蜂地投入到該事物當中，無論是共享單車、智能AI擴增實境（Augmented Reality，AR），還是新商場中新品牌的租戶，如各種邪惡拉絲茶飲咖啡店等，在在見證這種風氣。因着引入新興事物並留意到該市場有利可圖，就會如雨後春筍般一下子湧現很多嘗試分一杯羹的「資源」，不論是因為他們不會考慮長遠的可持續性，還是沒有真正花心機使新事物在地化，這種經營態度就算不是所有持份者都如此，都有非常大機會在其圖利的同時榨乾了那行業的成長動力。

有多少獨特的風景隱藏於我城中

欠缺歸屬感

同時這樣的風潮也會影響到普羅大眾，不只在於流轉的潮流讓大家失卻與這些事物和店家建立社區深入聯繫的機會，更有可能形成一種要趁「新鮮」去打個卡留個念，甚至動輒用上數小時半日的時間去排隊，就只是為了讓自己的社交平台上多一個記錄。週而復始之下，就很容易慣性地對身邊的事物都採取這種蜻蜓點水的態度，不但令自己對社區、對城市較難自然地建立歸屬感，且生活也少了內涵厚度，成為沒有靈魂的皮囊。

雖然拆解來看，大部分情況下就是有大家的跟風，才更有機會導致所謂的潮流產生，可是這種因跟風而成的潮流，真的是大家心中真正嚮往並喜愛的事物嗎？這就很值得我們三思了。

406 ⟵ 參考圖片是一道無形的牆

在大學學習建築設計，經常需要研讀大師過往的作品，去吸收轉化變成自己的知識和養分，再潛移默化成為自己設計手法的一部分。所以如果我們認真探尋現今新的建築師作品，也不難發現到前人的影子，或許是來自他們讀書時候老師的教導，又或許是更久遠之前思潮的餘波。然而這種具歷史的演化與香港設計專案依賴參考圖片的過程和用意都截然不同。

提供參考圖片的意義

設計參考圖片通常作為還沒有開始進行深入設計前與用家溝通的方式，以視覺化的例子解說設計方向或意念，讓沒有經過專業訓練的人都可以容易理解。參考圖片的本意在於意境和方式的解說而不是提供成品參考，所取材的部分有可能是方法、用途，或是更抽象的，如氣氛、感覺等。所以使用的圖片亦不單只建築圖，有時候會選用自然景物、環境照片等等用作場景描述。

notes：要思考有效的溝通方法

「你跟着這張參考圖片去做就可以。」做設計師總是會遇到這樣說的客戶。

貫徹概念保持原創最考驗設計師的功力

讓人印象深刻的空間設計或許並不是來自參考

參考圖片造成的牆

香港能夠投資於設計的時間往往很短，比起意境和手法的討論，客戶只在意成品的樣貌，當設計師拿複數概念圖片討論的時候，有時候會得到「我們就照着這張去做吧！」的反建議。使用參考圖片有時候反而成為了障礙，被迫直接跳過了所有需要進行的設計步驟，而當你嘗試脫離圖片的框架，則會被制止，有時候連更換物料或細部亦會被阻止，成為無形的高牆。

缺乏想像力與信任的大眾

我們姑且相信大部分設計師都希望作品並不是抄襲而來，而是具有原創性和啟發性的。「抄考」的出現來自對設計過程和提供參考的本質不認識和不信任，無法放心靜待創意的伸展。這種懼怕未知，擔心出現無法向老闆交代，或多一事不如少一事的性格，是鼓吹直接參照的根源。香港人習慣跟隨別人嘗試過的方式去提案，好確保成效，亦「減少風險」。比起創新，尋找設計師前的提案出資階段，有些人已經被確立了這種風格就會成功的想法。所以與其說是要找人設計，不如說很多方案中，客戶方是在找能實行特定方向或者畫建築圖的人。然而，設計本來就是一場在已知跟未知間的周旋，讓想像力與信任互相拉扯角力的持久戰。

提供參考的藝術

但這也不能全怪責客戶對於設計不了解，因為更重要的是設計者在過程中清晰闡述參考的意圖。而提供參考的方式亦要小心而行，避開可能引導受眾至單一想像的困境。如果設計時間充足，早期提供的參考建議越抽象越好，參考圖片宜複數，使用局部而非整體空間，提供物料參考，再加上說明文字避免誤會其所參考的核心元素，慢慢才開始用初稿與對方收窄想像的距離。

提供參考圖片於工程和設計項目或許是說服客群的方便工具，但要注意是不要被圖片牽着走，要搞清項目的核心價值和意念究竟是甚麼，摒棄沉迷於 Pinterest 漫無目的地尋找，而是有了想法再去找輔助說明的道具，將參考的資料巧妙貫通，才不會導致作品成為一隻四不像的怪獸。

設計手法可以有許多不同的方式

畫蛇添足 Vs. 美的裝飾

裝飾即罪惡，聽起來非常極端，阿道夫‧路斯（Adolf Loos）指出在文化進步的同時，日常生活的造物走上了移除裝飾、走向純粹的發展，我們的社會一部分人開始欣賞這種有效實際的做法，但亦有人對於裝飾保持留戀。他並不是指我們完全不可以使用裝飾，而是不應該使用與設計不相稱，使其劣化的添加。這看似強烈的見解，其實是不少建築設計者所學習和相信的原則。然而在現今社會工作，我們卻經常遇到被要求加上裝飾的情況，究竟為甚麼客戶會提出這樣的要求，而順應的結果又會造成怎樣的設計呢？

來自不安和不信任的要求

要求裝飾的心態似乎不是建築界別獨有，從海量的設計界迷因，我們不難發現其普及程度，但要理解原由則或許要從設計過程和客戶思維着手。正常而言，最有可能出現要求裝飾的時機應該是設計師提供初稿嘗試解釋方向的時候。這個時間點的圖像基本上仍屬初步階段，還未能反映完整設計，客戶在腦海中所補完的幻想和不安可能就會引發自己參一腳的行為，而這種情況尤以須向高層交代的狀況更為嚴峻。

「總覺得好像太簡潔，你能不能在這裡加點甚麼裝飾一下？」

不少添加裝飾的要求都是來自對設計不了解，很容易就會成為裝飾意見的集合體

Art Nouvel 時期有許多認真細琢的裝飾

意大利米蘭的Fondazione Prada 就展示出如何有品味地使用裝飾

左堆右砌的悲慘結局

當真的出現希望添加裝飾的時候，往往都是噩夢的開始。設計人經常笑說，當提供了裝飾版本01、裝飾版本02後，客方最後還是發現越加越糟，原來的就已經很好。雖然這耗費了許多時間和努力，但起碼並不是最壞地把幾個版本堆砌一起的那種結果。然而，如果你在街上閒逛，其實不難發現有不少堆砌而成的設計到最後在城市中出現，這種混雜的色塊或者圖案通常都不是設計師原先期望的，所以大概可以聯想到設計過程的煎熬和妥協。

另一個經常出現的就是後置式裝飾，參與設計者並不一定是用家，而用家進駐後有時會自行添加裝飾或者改造空間。這種後來添加的元素如果與空間配合還好，但更多的狀況可是會與設計和環境格格不入。近年這種後置裝飾的思維在壁畫和樓梯彩繪尤其常見，出現了許多因為有空間就必須要放置藝術的操作，我們當然並不反對公共藝術，唯希望於選址上更考慮是否適合環境。

後置裝飾很可能與其他設計部分不配合

408 ⟵ 先付費後享用

誠然香港直到目前都是個遵從資本主義的社會，資產實力越雄厚就可以支配更多資源，甚或可以掌握一定程度的話語權。正所謂「有錢使得鬼推磨」就很好地總結了這種現實，而且在我城這個幾乎只剩服務行業的地方，「顧客至上」又被奉為買賣當中的指導原則，也就造就社交網絡上「西客」專頁的興盛（笑）。

當然在力所能及的範圍內，盡量滿足不同人的需求基本不會是錯的，無論是為客人走青少冰多汁的飲食業侍應，幫接手的人將文件分類好列清楚注意事項的同事，或是用餐後把自己的餐盤垃圾清理的快餐店食客。放諸筆者熟悉的建築界，在尊重合約精神、期待最後設計成果能建成的前提下，我們也大多願意這樣實踐。所以可以理解到其實為別人做多步並不限定關係和對象，重要的是其是否各自做得到的事，是否願意去額外付出一點，還有就是個人的修為如何對待自己與他者的關係和自己該做的事的平衡。

「有得揀先至係老闆。」

設計須要投入的是個不斷試錯的過程

專業的價值

為甚麼會這麼說呢？這就進入這篇的核心主題：如何去遵從和衡量多大程度地去執行客戶的要求。這個問題對於提供專業服務的人特別重要，因為顧客在絕大部分情況下都不會具備專業方面的知識，所以他們提出的各種想法、疑惑，甚至要求，作為專業服務的提供者應該如何處理呢？在此我們只要分享一個例子就可以說明一切：大家覺得自己身體不適，需要去看醫生，然後找了個自己信得過的問診，獲得某某病痛的診斷，會否質疑醫生的判斷？

首先不要誤會，我們意思不是說作為病人的大家不可以對事物有所懷疑，因為醫學界從來都鼓勵求診人士去徵詢第二醫療意見，一來這是病人的權利，二來亦是某種行業間的信任。醫療人員雖然無容置疑是專業的，但因為各自接觸病例的經驗上有分別，還有日新月異的科研成果，對發展新式療法的掌握，都會因人而異。同理也適用於建築設計業界，只是差別在於空間上的問題似乎沒有病痛那般影響身體，客戶們便可能覺得不遵從也沒大所謂，其實不然，因為無論是樓宇還是裝修，竣工落成後總不能不斷推倒重來吧？由此可以帶出，不只因著專業人士在註冊其資格時承諾遵守的行業紀律和道德操守，而出錢購買其專業服務的客人們也應該賦予相應的信任。

敬業樂業的可能性

尊嚴的價值

從這個例子還可以帶出另一方面的問題，就是一直以來為人詬病有關收費的陋習：大家都是付費才能掛號的吧？獲取標準療程的藥物也是要先付費吧？那為甚麼有很多行業的顧客（特別是經常用這點嘲諷自己的設計界）會認為要先獲得服務才支付費用，而且還可以因為不滿意就無需或拒絕付款呢？如果說因為客人就是金主，金主就是上帝，可是「這位客人還沒有付款欸～」，也就不是甚麼金主吧？

對於設計和藝術界別，這種被剝削的情況好像尤其突出，所以這次在此分享的目的不只是想讓大家意識到問題所在，也是讓業界的同行反思自己是否某程度助長了一些不合理的現象。因為整體來看，這很有可能會導致惡性循環的出現，令專業質量每況愈下：用盡全力想方案來希望取得合約，但不成功而沒有收到任何費用，還讓對方把方案抄去，所以之後也就不會再花太多心神去鑽研設計，可是這樣的敷衍了事又同時會讓客戶認為這個界別的「從業員」就是不值得尊重，造成惡性循環。

誠實與膠感

小時候父母總是教我們要誠實，不可以說謊。可是長大後，發現世途險惡，事事保持天真純真，可能在現今社會無法生存。其實建築亦有誠實與否之分，比起國外建築經常強調顯露物料的真實性，香港建築卻時時感受到「膠感」滿滿，充滿着虛假和謊言，然而大家卻像是樂於置身其中，究竟是我們已經盲目了，還是根本沒有人在意？

「誠實」的建築

誠實一詞於生活中容易理解，在建築中卻不是每個人都能清楚說明，有人認為建築的誠實是指理解建築物料的使用方式，並展現出其應有的建造方式，譬如紅磚作為牆身有其承重的功能，近年把其用成薄磚作為裝飾就是一種虛偽。但或許是否誠實的感覺是來自物料結構關係的可閱讀性 (Readability)，我們有否從所看之物感受到其原理和本質，以筆者最近去過一個陶藝工場為例，雖然其結構簡陋，人們卻能清楚理解樑柱的關係性，給人一種真實踏實 (Authentic) 的感覺。

「誠實是種美德，但我們的建築不需要。」

國外的建築許多都真實地顯露出結構和建造方式

仿製的物料

當然亦有人認為誠實是指使用真正的物料，而不是用其他現代物料去複製其特質。在香港各種假扮材質的物料充斥在市面，譬如木紋磚、石紋膠板、人造石等等家居經常會接觸到的物料，其實都是來自這種特性的複製。取其紋路或者凹凸特性，透過印刷或者壓製去嘗試製造出接近的效果。雖然近年這種物料進步了不少，如果肯花多點錢去選購，就很少出現印刷看起來「起格」和嚴重重複、令人咋舌的狀況。

妥協與習慣

可是，「仿冒」物料看起來有進步，其效果和觸感仍與真正的物料有極大的差距。譬如，若果你熟知木藝，有參與過木工製作，你會發現木紋磚並不具有真正樹木的溫度，與自然材料相距甚遠。但為甚麼人們仍會大量選用這些「仿冒」物料？這往往是因為成本、容易建造和維修的考慮，在權衡各種因素後（特別是有價錢差異下），普遍香港人對於「真誠」物料的堅持，很容易就消失。

香港到處都是各種假扮材質的物料

膠感、虛假與缺乏欣賞

其實對於物料缺乏欣賞，容許濫竽充數可能是因為我們根本對所有傳統物料都不認識，亦沒有途徑接觸。要在香港找到生產木製品、磁磚、紅磚等等建築材料的工廠似乎有點強人所難，而這些物料製作的工藝亦距離我們很遠，根本接近沒有本地師傅可以與公眾交流，談何欣賞的教育。有些人可能連真正的紅磚牆也沒有觸摸過，又如何分辨出薄磚的「膠感」呢？

在香港，要大家花大錢去使用和鑽研物料工藝似乎頗有難度。當然我們並不是要改變這整個風氣，始終物料一直在進化，亦有各種新物料的創造。我們認為重要的是大家要學會欣賞、理解和尊重努力真誠地使用物料的人和其作品。

notes:盡可能使用本地材料和技術

澳洲塔斯曼尼亞最高法院

←——— # 遮蓋**則不存在**

遮蓋就好，眼不見為乾淨這種自欺欺人的思維，在香港可能比起世界各地都要來得常見。外觀亮麗內裡敗壞在建築的各個方面都能夠體現，只要大家不打開潘朵拉的盒子，不深思細看，倒是能騙過不少普通市民，可是對於施工和設計的堅持，卻蕩然無存。

翻新的惡果

香港作為一個已經發展多年的城市，有不少經歷歲月洗禮的建築，無論公共建築還是私人商業項目，都處於一個需要整修更新的時間。這種更新的舉動可能來自對於原物料的不滿，認為其過時。亦有可能因為舊物料難以維修，所以導致更新。在處理這些建築物的時候，不少業主會嘗試尋找最經濟實惠的方式，將舊建築蓋上鋁板外牆簡單處理。許多時候這種設計雖然省錢，但卻造就了一種與原本建築語言不合稱的感覺，有一種強烈的遮醜感，沙田大會堂從細磚外牆改為大型鋁板便給人一種要遮蓋的印象，其原有細膩的紋路不復存在，取而代之變成一個個肥大的盒子。

「藏汙納垢也沒關係，眼不見為淨！」

翻開天花總會有駭人的發現

遮蓋便好

這種遮起來就可以的思維,在室內翻新亦為普遍。在能夠減少清拆成本的情況下,香港有些工程都會出現保留原有狀態,直接在上面加裝的情況,經歷許多維修和不同人經手,自然會出現當打開天花,喉管亂飛,甚至牆後有牆的奇妙狀況。比起妥善地、完整地解決一個問題,我們傾向選擇能夠用最少成本的方式,而甚少關注看不到的地方。這種工程思維如果只是紊亂還好,有時候卻會造成安全問題,那就不容忽視了。

偷工與減料

雖然建築師在進行工程時會不時去現場了解,但並不可能每分每秒都在工地監管,我們能夠檢視到的只能是工程的一部分,餘下要靠承建商去監督。是否處處真材實料、由心出發去製作耐用穩固的建設,很視乎施工者是否有良心。許多時候,雖然表面看似光鮮亮麗,但如果將面料拆開,就會發現其遮蓋的醜陋真相。收貨時大家只看到表面,當然貌似一切沒有問題,但時間一久,各種問題便會逐漸浮現。譬如牆身後的隔音棉有沒有完整覆蓋、管線有沒有足夠保護、螺絲或者門餃有沒有根據要求都配上,如果要蓄意偷工,仍然是存在方法的。這些功能上的缺陷,在節省成本的住家裝修上尤其常見,而往往是用家使用久了或者進行維修時,才被發現的。

沙田大會堂
SHA TIN TOWN HALL

香港不少建築都用鋁板蓋起舊物料

對於看得見和看不見的堅持

無論是外牆翻新還是師傅的偷工，除了因為大家
不願多花金錢外，或許也是因為行業競爭激烈，
需要爭分奪秒和減低成本，才會產生這種看不見
就不重要的思維模式。雖然在背後不容易看見，
但如果我們事事做得穩妥，有足夠的堅持，香港
整體的建造風氣才會更為健康。

411 ⟵ 不被重視的**園境意象**

園境設計在國外建築項目中，往往會佔了一個不少的經費比重，在機會多自由度高的環境下，久而久之園境設計亦相對成熟，創造出許多不同的環境特質。在香港要看園境似乎都得走進市政公園，而非街道上隨處可見，這個狀況究竟是甚麼原因導致，而為甚麼園境對於整體城市面貌其實相當要緊？

園境的緩衝作用

不少香港普通市民對於園境的認識，或許是公園的樹木和長椅，亦有人會覺得中式園林就等於園境，然而園境可以塑造的環境並不單指這些刻板的印象。園境往往是從街道走到建築物入口的緩衝，是透過外圍感受建築物的第一印象。園境亦可以是建築物使用者的戶外休憩空間，可以休閒寫意，亦可以充滿生氣。可惜，香港懂得投放資源於園境設計的客戶並不多，或許是因為我們整個城市都不夠注重園境。

香港人對於園境的理解停留於中式園林

「最後放點花花草草點綴一下就可以了。」

notes:
除了降溫，亦成為大眾喜愛的休閒空間

荃灣荃新天地公眾露天廣場中的水庭設計

香港環境的死症

香港作為密集都市，自然環境並沒有國外來得寬敞。建築物往往緊貼街道，亦會接近佔滿基地面積(Site Coverage)，導致根本就完全沒有園境可以發揮的空間。就算因為建築物需要後退，從而產生了少許空檔，可能就只夠位放幾個花槽，都不足以構成任何體驗。

維修先行的園境策略

當然香港有的項目空間並不是那麼拘束，商場建築的往往都會有大量戶外空間需要設計。可惜這些空間許多時候只是一塊鋪了圖案地磚的大空地，頂多加添一些植物，就算是造了景。這種設計其實不難理解，普遍發展商會採取節省成本的考慮，把經費用於室內。同時亦因為園境需要時常照料，越低成本越廉價的園境設計，對經濟成效而言似乎是合理之舉。然而，這卻是犧牲了公共空間設計，和放棄了造就大眾喜愛環境的機會。園境其實對於空間整體印象非常重要，像是荃新天地一期中庭的水庭，便是許多人喜愛逗留的空間。

政府建築物的無限可能性

香港要造就好的園境設計，就必須要由政府開始，勇於在公共建築上大刀闊斧作出嘗試。政府建築物比起私人設計在建築面積上較為鬆動，亦因為他們通常具有公共性，更適合在園境中滲入可以提供途人休憩的空間。

澳洲在這方面往往會將城市設計 (Urban Design) 與園境 (Landscape) 思維一併考慮，ARM Architecture 設計為於新南威爾斯州的 Albury Library/Museum 室外空間，採用了 Living River 的概念，透過地面圖案線條，串連不同的戶外座位空間，亦構築出大眾會留下記憶的空間。然而香港過往許多都會選用舊有非常安全的模板設計，但園境其實應該因地制宜，配合每一個環境和建築，亦應由概念開始，選用適合和配合建築特色的地景和植物，而非隨便選擇。

與建築融為一體的園境

國外有不少建築設計其實會由園境主導，建築為輔助，這種情況我們會稱之為 Landscape Approach。譬如荷蘭 TU Delft 的大學圖書館就是以山坡概念，造出可以供學生野餐和休息的公共空間。亦有案例像是藤森照信在日本滋賀的草屋根透過在屋頂種草，造出奇特與建築融為一體的建築。

植物對於城市環境非常重要，雖然我們路邊的樹木數量其實不少，但如果能夠透過建築的園境，令街道空間能夠更富有各種植被，走在街道上的體驗應該會大大改善。親自然設計 (Biophilic Design) 對於身心健康有益，在全球都非常流行，香港應該把握機會，在城市中展現自然設計，讓園境有發光發熱的機會。

上： Albury Library / Museum的Living River　|　下： 藤森照信的草屋根將圍境、建築和生活融合

系統

05

建築作為相當古老的專業，有着許多
系統和規例從舊有制度承襲下來，不
少可謂行之有效。雖然這些系統確保
了整體設計的規範，但亦有不少人會
詬病系統中一部分的不人性化和過
時，限制了許多應該有的可能性和未
來。雖然如此，普通設計師往往都只
是抱怨，卻少有嘗試參與審視修改規
例和系統，將責任交給了專家或者政
府一方。我們其實需要更理解這些出
了毛病的根基，從而建議修正，方能
讓整體土壤更適合設計生長。

醜陋的

SYSTEMATIC UGLINESS

502

503

504

505

507

508

501 ← 認可人士**認可了甚麼？**

隨着科技進步技術提升，建造業界需要越來越多不同資歷的人才，當中好一部分在香港都屬於受法律規管的專業資格，在建築項目流程上被賦予一定程度的法定權力，例如有關結構的部分必須要結構工程師去背書，而且也只有在本地相關註冊管理局有登記的人，才可以使用「XX 師」的頭銜，否則就已經可以被視為犯法。

當中有三類「師」比其他更有分量——土木或結構工程師、測量師和建築師在現行的香港建築物條例下，具有考核成為「認可人士」（Authorized Person）的可能性。好了，應該大家都曾經因為各種工程新聞而聽其名不知其實吧？簡單而言，雖然說這些專業的 XX 師們並沒有等級之分，但是在香港基本上所有的大小項目，無論是建築物、街道相關或是基建工程，都需要認可人士的簽署監督並以個人身份承擔刑事級別的法律責任。

如前所述，這三類可以成為認可人士的「師」們，都是已經考取專業資格的註冊人員，以本地學歷的建築師為例：四年的大學建築學學士，兩年的碩士研究生訓練，至少兩年的建築事務所全職工作經驗，才具備資歷用最多八年的時間考取全數九項的建築師註冊試（根據非官方數據，大家平均兩年內都可以完成）。所以屈指一算，這已經是大概 10 年的光陰了，可是即使旅程走到這裡的建築師們，實質上都還未能成為工程負責人，因為要成為認可人士是需要在此之上再進行額外的面試考核，才具備其專業資格。

究竟誰負責

這只是其中一樣業界「有點奇怪」的例子，另一重「不夠資格」的感覺體現於更技術性的層面。承上所說，在香港所有需要認可人士監督參與的私人項目都要遵從建築物條例，以工程統籌人的身份在項目展開前和完成後，向政府屋宇署提交經簽署作實的各種圖則、證明文件和監工計劃書，讓署方批核和記錄。換句話說，即是認可人士用個人專業知識和職業操守向社會擔保，該工程項目已經安全合法地按照批准如實地完成。

這套清楚寫明在法律條文中的流程及準則，看起來只要按圖索驥就應該無懈可擊；從結果來看這個的確是現實情況，只是在「署方批核」這點的執行上有令人稍為費解的地方：因為如果按照上面的理解，認可人士被賦予的其實是來至社會整體的一種信任，對於其所參與的工程項目出現任何問題差錯，他們就是直接責任人之一，然而參照事實，提交圖則以獲取批核這部分是屬於工程開展前最不可預計結果的重要一環。

時間短則可以按照屋宇署服務承諾於兩個月內獲取通知，反之則可能需要不斷在一個不定的短限期內重新提交申請，因為署方的圖則批核負責人每位可能至少監管不下十宗大小工程，而每宗需要人手審閱的 A1 尺寸圖紙可達數十張，成為為數不多需要不斷加班的署級部門；進而更有點惡性循環地令行業內出現害群之馬，透過這程序讓署方為其「勘誤」，每次獲發還就知道有甚麼錯處和漏招，然後修改再提交。

曾經的屋宇署辦公室通道

其他可能性

反觀條例管理和圖則批核在其他地方並非如此，例如澳洲除了市政府的公營架構外，亦有許多私營的建築測量師去確保工程項目遵從法例。他們有別於香港統一由屋宇署處理的模式，既分擔了公營機構的重擔，亦同時成為團隊中需要承擔責任的專業組成。不少項目由設計初期已經開始聘用私營測量師，在項目推進過程中與建築師一同反復進行設計修改和條例檢視，比起香港往往如上述般需要在地盤開工前、相對短的時間內完成這個過程來得合理，亦對具前瞻性和有趣設計的保留更有利。

對比之下我城的做法則相對浪費資源，更嚴重加重屋宇署的工作負擔，亦似乎本末倒置地令整個制度名存實亡，因為過五關斬六將的認可人士就是要認可自己經手簽核的工程，而不是署方同事的責任啊！或者在人工智能越來越普及的當下，我們可以重新想像這些規章制度可以如何更好地認可和被認可。

502 ⟵ 過時的規範

從來沒有質疑要管理一個城市的難度有多大，不只因為當中涉及不同的硬件設施建設，而且還要對居於其中的所有市民負責，差不多就如結婚的誓言般「無論生老病死，富裕貧窮，順境逆境」，都需要讓全體人民安居樂業。而我們願也願意犧牲自己一部分的自由，去承擔在這城市裡的一些義務，以換取安穩地生活於這個地方的權益。這也是所謂社會契約(Social Contract)的最具體表現。

而我們以一定程度的自由去換來的「被管理」方式，就是各種法律規則，不論是帶有懲處刑罰性質的，還是那些指導式的規範條例，都是本着管治上的需求和便利而訂立的。可是這樣一個高社教化程度的社會，究竟需要多少這樣那樣的法規呢？是否凡事都需要白紙黑字去作限制？在與「正常人」的道德標準與社會常規之間又會不會可以存在一種平衡？

「人係生嘅，規矩係死嘅。」

莫名其妙的日常守則

例如在香港，我們自小接受教育，學習應用於各種各樣情況的公德心：人多就要排隊，要禮讓長者小童孕婦，路不拾遺交警察，不隨地吐痰拋垃圾，紅燈停綠燈走……等等等等，雖然這當中都還有一些是有相應的官方規管存在，可是大家都應該會認同現代社會中就是有很多共識，只要不遵從就會被主流視為違反常理，輕則遭受白眼重則可能被官方罰款。

然而在發展進程中總會詭異地出現一些摸不着頭腦的部分，例如現在有很多公園都禁止市民玩滑板、踩單車，甚至遛狗，又例如圖書館內不准拍照、不准睡覺等。會出現這樣的規矩原因在此不贅，而我們社會是否單憑公德自覺並不能讓這些行為不影響他人？希望大家心內都有一樣的答案。

進步來自於人性

非黑即白？

反面來看，我城似乎也不缺一些看起來應該有所限制但實際是灰色地帶的情況，在公園內高聲載歌載舞並收取「紅包」、演唱會黃牛票的炒賣、人流熱點一字排開的「街霸」易拉架，又或者引入美食車，卻大費周章「管理」本身有法可依的流動小販和固定攤檔，自七十年代起決定不再簽發新牌照至今也未曾更新政策等。在一些媒體報道探究底下，往往是重複又重複地去評論是因為過時的條例，要研究不同的可行性，然後熱度過去大家又放任其拋諸腦後。

所以我們交換自由去遵守的那些規矩，究竟是怎樣的一種存在？如上所述，當中有不少可以被質疑的地方，但既然我們是有公德心的城中大多數，在換得權利和保障的同時，也理應負起相稱的責任和義務，讓管理這住着幾百萬人的系統能追得上時代的步伐，更貼近我們的生活需求，甚至預先準備去回應下一個世代的變化。

香港是個不斷變化的城市

503 ⟵ 無新意的建築物料

大家貌似覺得建築師透過設計甚麼都能達成，然而現實中我們卻被各種物料的選項所限制。在各種建材都要通過測試、獲得各項證明才能使用的年代，建築設計往往是一種在限制中尋找變化的妥協。

可用物料的局限

可無論是甚麼建築類型，香港在設計上用的物料和款式其實都非常接近。大量的混凝土，大量的鋁板，大量的玻璃，反正用這些非常安全，非常經濟，亦非常容易保養。當然選擇物料時也受建築高度和氣候影響，但未免氾濫和重複到讓人質疑為甚麼不能多點變化多點心思。或許我們已經習慣了從物料庫中拿出樣板，就根據最實惠、最少耗損、廠商提議的方式去排列設計。

當然如果到室內設計或者家具部分，大家還是會看到有很多嘗試，始終這些物料並不那麼受各種條例規管，自由度也比較高。可是這也代表了，香港要做到比較貼近物料原型結構美就相對更為困難了。早前「香港土磚」嘗試用夯土製作了一張弧形長凳，夯土工法作為舊有的建築材料，近年在不少地方重新被使用，造就了許多有趣的設計，但在香港，這樣「另類」的物料似乎要被認可的難度頗高。像越南 Vo Trong Nghia 的竹構，為當地物料和建築語言指出可行路向，在香港則只能應用於臨時裝置，我們會有接受或活用新物料的一天嗎？

「建築師一定是充滿創意，甚麼都能做到。」

上： 在香港竹構建築往往也只能是臨時建築 | 下： 澳洲以MPavilion展亭作為研發物料的機會

本地的物料生產近乎零？

其實如果要分析，我們比起國外更難做出與物料相關的進步，很大原因與香港接近沒有物料生產有關。當然遇到需要訂製的時候，建築師們可能還是會到內地或海外的廠房討論，可是當中跨地域甚至透過仲介的模式，令設計者和工場關係比較疏離；與外地有些建築師和職人接近是好友，共同研發的狀況相差甚遠。如果香港能有材料研發的基本資源，或許我們看到的建築會很不一樣。

物料的玩味與變奏

當然在未能發展屬於我們新物料的現時，我們能不能夠將精力花在研究活用現有物料的方法？西九M+博物館以竹作為概念示範了如何重新演繹造出具特色的外牆。當然並不是所有項目都會有這種資源，在各種各樣的缺乏下，最有效的方法就是透過仔細排列，加入凹凸設計寄予玩味。澳洲設計近年就有很多項目透過不同紋理和顏色的磚去砌出圖案，久而久之成為了大家喜愛的設計手法。

配合當地工匠累積物料經驗

屬於我們的物料

其實目前最重要的是，將物料變成「我們的」。當
使用物料的方式脫離了普遍性 (Generic)，而帶有
本地或個人色彩，物料將超越原來的意義，為建
築添加一種價值。譬如深水埗布藝是重要的本土
元素，我們能夠發展使用布的建築模式嗎？當這
些物料不單只使用於雙年展或大學裡，而成為不
少設計師喜愛使用的，慢慢香港就會有「我們的」
物料了。

notes: 芬土雖然能夠做裝置或者座位，
但在香港要更廣泛使用似乎難關重重

香港土磚 － 有限之材，無限之用

不容動搖的**建築物**條例

常常有人說香港建築生態很大程度上是建築物條例所塑造的，如果你對條例熟悉，仔細閱讀城市中建築物的樣貌，就會發現許多因為法規限制所造成的結果。

古老的建築物條例

建築物條例於香港開埠初年已經設立，多年歷經過多次修改，用作規管建築物以符合安全、環境健康之用。譬如現今的版本便有對空氣流通、日照需求、防火需求等等作出規範。但如果仔細查看，會發現有不少項目都是從很久以前就沿用下來，在世界建築發展蓬勃日新月異的今日，或許顯得有點追不上時代的步伐，值得考慮是否應該整全地重新審視。

漏洞致使工作平台的出現

不少現行的建築條例寫法都非常仔細，內裡有許多數字或者距離需要跟隨，對於怎樣的建構形體才符合條例，有着一定規範。而這種規範的仔細程度，不少時候都會對於創意，或者新穎的設計造成障礙。可以理解的原因大概因為過往發展商和建築業界都會鑽條例的漏洞，並嘗試利用當中的元素獲得最大利益，譬如當初對環保露台和工作平台的豁免規定，便導致許多根本不能使用的超小型露台誕生。這種違背當初理念的狀況總是常出現，所以每當進行修改，都會顯得異常謹慎。

隨處都能在不同樓宇中看到「歷史」的痕跡

或許不是如何遵循條例，或許不是如何遵循條例，或許不是如何遵循條例，或許不是如何遵循條例，或許不是

位於澳洲的Bunjil Place 使用了Glulam新型工程技術

不被容許的其他選項

亦因其謹慎作風,許多在國外可行的設計都不被容許。簡單由扶手、欄杆的樣式,以至提供予殘疾人士的空間,在外國可以根據實際案例提供最適合空間使用的方案。這是因為各國建築物條例通常除了條例中列明可接受方案 (Deem-To-Satisfy),亦會容許其他等同效果的方案,當然方案需要經過專業評估才可以使用。在香港,審批圖則的任務由政府把關,因此大部分異於規定的設計都是不會被接納的,就算能夠提出,所涉及的金錢和時間亦非常長,甚少有人挑戰。譬如膠合木 (Glulam) 和直交集成板 (Cross Lamniated Timber) 這種新型工程木材在世界各地都有使用,但香港條例並未跟上的情況下,便需要進行大量實驗室測試方能使用。

在屢屢碰釘的情況下,本來創意滿滿的香港建築師,在緊密的設計週期下,只能夠緊緊跟隨條例所寫。久而久之,我們所看到的建築,便逐漸變得一式一樣,缺乏變化。初出茅廬的莘莘學子,不少在開始工作幾年便認清香港建築的可能,大部分慢慢被同化,成為循規蹈矩的一分子。

訂立鼓勵進步的建築法規

建築物條例的教授其實從大學已經開始,有專門科目去解釋各種條例在現實的應用,務求讓大家進入社會時,能夠盡快適應工作需求。然而,其實大學更應該教授的或許不是如何遵循條例,而是理解條例和現實結果的關係性,嘗試找出可以改善的地方,將有關提案予建築師學會討論建議,並由屋宇署慢慢進行檢討修改。

建築物條例的設立應該不只為了阻止差劣建築的產生,更應鼓勵業界提供進步設計。如果建築師能更踴躍參與條例制定,並提出意見。透過更緊密地修正微調,相信香港建築或許會有更好的變化。

505 ←—— 框架與根據的**局限**

香港無論是公營項目還是私營項目，往往都喜歡追隨過往
的案例，以茲證明其可行性，並且將其視為穩固且不能偏
離的設計需求。這樣的想法看似非常科學穩妥，卻使我們
整個社會都偏向保守，難以領先世界。

設計需求的設計方式

私人項目的設計框架制定方式許多時候來自客方對於現今
存在的案例的理解，可能因為競爭對手的冒起，或者是外
遊時遇到有趣的設計，從而觸發其設計需求的調整。而公
營項目則往往有一貫的設計要求，再加上少許緊貼世界趨
勢的創新。可是無論是哪一種做法，設計框架的設立普遍
都是從外界已有的想法作起始，能夠敢於由自身出發，創
造設計需求的人似乎並不是那麼常見。

「你有先例去證明這可行嗎？」

Nightingale嘗試在澳洲找出發展商主導以外的突破口

克服作為先驅的風險恐懼

「多做多錯、少做少錯」雖然好像是過往我們形容大眾思維的說法，可是環看今日社會，對於作為先驅的勇氣有否增加，筆者是存有疑惑的。香港是一個非常喜歡問責的地方，無論在公在私，無時無刻都會有人嘗試抓住小錯誤，將其放大檢視。久而久之產生了許多互相審核、自我質疑、強調風險管理的工作方式。在整體大環境相對保守、追求安全牌的狀況下，期望設計需求制訂得具有前瞻性，實在並不容易。

這種保守穩當的方向看似合理，因為已有前人經驗自然「成功率」大為增加，可是我們卻忽視了這種缺乏進取思維的做法，其實並不一定能跟上改變的步伐。當我們去應用案例的時候，已經比起先驅者要落後五年、十年，甚或更長的年期，錯失先行與別不同所帶來的優勢，甚至淪為過氣、不合時宜的產物。這種為了減少失敗而產生的失敗，實在是我們應該徹底避免的。在墨爾本便有建築師嘗試改善住宅建造集資的模式，將傳統發展商出資銷售改為住客群體直接出資合建的Nightingale模式。這些優秀的住宅項目都是由非牟利組織Nightingale Housing策劃及施行，將原來中介發展商的利潤投放回設計上。這個模式以用家本位的需要去度身營造建築設計，進行一次又一次的諮詢和合作設計，最終造出的住宅都極具創新及屢獲獎項，取得空前成功。

透過重視創意及價值找出新出路

泰國創意設計中心累積和展示新創成果

OUT OF THE BOX

無論在社會或者學校中，近年都強調創意和鼓勵大家跳出框框，這種方式在科技產業或者創作都非常堪用。建築雖然作為一個創意主導的專業，卻因為牽涉金額的高昂，需要許多經驗支持才能具有說服力，所以要如何引導客戶跳出框框，是一大難題。

這些變動或者挑戰所需要投入的心力確實不少，但其擁有的前瞻性是非常重要的，因為這樣的思維其實是為未來作預算。我們並不是期望每個項目都存有整體性的想像顛覆，但適當地滲入創意，並且局部進行革新突破，其實才是對未來最好的投資。我們亦需要理解，並不是所有超越框架的嘗試都會取得成功，但其嘗試定會成為公司或者公營機構的經驗和養分，莫下發展的基石。

←—— **屬於公眾的都市更新**

談及香港的建築、城市設計，特別是有關公共領域的部分，無可避免要觸及到「公眾諮詢」，為甚麼我們要着緊這件事情？不知正在閱讀的大家，覺得自己與所居住的地方有多少牽絆？在全球70多億人口中已經超過半數是居住於城市之中，所謂的「城市」是相對於以農業村落為主要土地使用狀態的概念，說白點就是生活的密度提高了，大家的距離更近了，空間需要與更多人一起分享共用。

對於居住城市的發聲權利

在這個城區中共同居住的全部市民，就是構成「公眾」這個意涵的本體，亦因而擁有了對自己所生活的這個地方一定程度的話語權。即是大家都應該要去尊重各自對於這個城市中同一件事物，會有不同的看法但有同等的發聲權利。而「諮詢」就是建立在上述共識之上的程序。但即使整個城市的全部項目都可以讓公眾參與，或者針對議題向市民充分諮詢，真正做到與民共議甚至與民共籌共建，當中有一元素想着是會帶來頗大不穩定性的公眾利益。

以最簡單的「派錢」來做例子，毋須諮詢公眾也肯定會被大部分人支持，可是否代表這是符合「公眾利益」的事？如果這是符合「公眾利益」，那為甚麼全世界的政府都不會長期這樣做呢？因為從長遠公眾利益的角度，根本不可能會鼓勵這種沒有可持續性的經濟政策。而將這份理解套進城市的建設和發展，政府就需要更長遠的目光和專業的研究分析，並向市民清楚地傳達當中牽涉的利害之處。

「我反對」

短痛還是長痛

因為「公眾」一詞所述說的是作為一個整體的城市，要在衡量利益時所考慮的會是以十年甚至百年的時長，加上所有政策都一定不可能滿足所有人和條件，所以最終只能看與公眾討論協商出的共識中，不同考慮要素的比例多少而已。

我們可以回看現今很多名城的歷史，當初都有機會是因為某種強勢的行動，才造就現在的面貌。最為人樂道的一個例子，就是被稱為浪漫之都的法國首府巴黎，現今星形放射狀的城區佈局上，各處舒適的林蔭大道和街頭，其實是十九世紀後期在大量舊區拆卸、市民抗議下才完成的城市格局。

由此可理解到一個城市絕對是個有機體，而且會隨年月不斷成長改變，亦因如此「公眾利益」的定義也會相應地一直被更新甚至重新定義。

notes:遊走社區中去觀察與學習

大家的需求與民間的智慧

難波Parks自2003年起成為大阪城區中的巨型綠洲

公眾的未來就是利益

我們作為公眾的一分子首先就要懂得珍惜自己擁有的權利，積極參與諮詢；另一方面，真正好的諮詢必須具備的是時間，特別是該計劃牽涉的是人民的居所、生活的方式，例如舊區改造、都會更新等的大型項目，除了需要在區內深入調查探討外，也應該與學術機構建基於實際數據和科學化的系統研究，並向大眾公佈相關結果讓大家一起衡量利弊。最有印象的例子便是日本大阪難波的舊區重建，前期用了20年的時間與市民公眾進行各種諮詢溝通，而最後得到的成果是我們這些遊客現在每次抵達大阪市中心都有目共睹的。

← **消逝與活化的拉扯**

我們想探討的是「消逝」與「活化」所傳達的背後意義。想想如果提起消逝的事物會想起甚麼？又或說活化的話有甚麼東西會走出來？

相較於活化我們大概更容易理解甚麼是消逝，因為字面都已經表達得相當清楚：有甚麼東西本來存在的，現在沒有了，例如無冷氣的「熱狗」巴士、大部分的公眾電話亭、「大牛龜」顯像管電視機、人手抛賣上樓的「飛機欖」等。這些對筆者這輩來說都不是博物館裡的東西，不是在 YouTube 上才能看到的片段，而是曾經親身經歷、有意識、有感情的童年回憶，當時沒想過原來身邊事物是會消逝的。

留下的都是一份心意

然而對於東西的消失不見，我們多少是帶有負面的感受，覺得有種莫名的惋惜之情，但這並不一定代表消逝就是不好的事，甚至濫情點說：我們總是到失去才懂得珍惜。重點是明白到隨着時代巨輪的運轉，科技發展儼然半日千里的進步，我們生活中慣常接觸到的事物絕對會不斷更新變化甚至被淘汰。也正因如此，在這個過程中我們更應該留意和思索甚麼值得大家的關注、記錄，或者以任何形式作保留。

「When there's no one left in the living world who remembers you, you disappear from this world. We call it the Final Death.」

知道這些不是霓虹燈嗎？

這就可以帶出當一些「活化保育」流於表面時，究竟是怎麼樣的一種行為了：可能只是剛好在其消失的路上出現了這種援手，成為了最後的迴光返照。不過如果真的最後出現這種結果，那也同時說明了那種活化很大機會就不是深思熟慮的，不然就應該能讓該事物變得有可持續下去的動力和機會。例如舞火龍、粵劇、手寫小巴牌等，這些或是因為本身屬於節慶活動，或是行業願意改變傳統做法，又或是轉移技藝去套用到不同的產品之上，都讓本身可預期式微的事物獲得了新的機會。

好心做壞事

若果我們真的珍視一些甚麼東西而有意去保育的話，簡單地想成只要提供經濟支持，幫助其短期內繼續存活的手段就大錯特錯了，這樣做很有可能只是加快其消逝的速度，有了一定的收入援助，反而有機會令其繼續一成不變地經營直到無以為繼。

盡眼都是歷史，卻也並非紅燈處處

需活化的其實是系統

總的來說就是我們珍惜甚麼和想做甚麼,都需要先安排合適的土壤,再去提供各種養分,才有機會茁壯成長,反之就會浪費了寶貴的資源和光陰,甚至有可能剝奪了本身可以萌芽的契機。在此想起位於已不復存在的油街前政府物料供應處倉庫內的藝術村,緣於1998年政府以低廉價格的短期租約公開出租,無意中引來了不同的藝術工作者及團體承租進駐,並有機地形成了不但具活力更負盛名的藝術文化社區。

可惜在當時沒有相應的管理政策去扶植和保護,以致這樣一個自然生成的藝術村,於翌年便因為收地發展商業住宅項目,迫使全部租戶遷出並拆卸。雖然部分油街的藝術家在跟政府多番交涉下獲安排轉租,促成了牛棚這個前牲口檢疫站轉變成為了現在這般藝文景點的模樣,但最令人哭笑不得的就是,位於前政府物料供應處倉庫旁的前香港皇家遊艇會總部歷經十多年後,於2013年開始被活化成「油街實現」藝文空間,並標榜可讓市民特別是年輕藝術工作者在此交流。所以總會不時想像,如果當初油街的發展得到適切的幫助,大概比當下的JCCAC(石硤尾的賽馬會創意藝術中心)及PMQ(中環的元創坊)更早成為滋養本地藝文發展的土壤。

←——— # 我們總是重新開始

Fresh New Day看似是一種豁達樂觀的生活模式,然而對於建築設計或者城市而言,這完全不是健康的狀態,而香港卻總是圍繞着這種模式行進。

創作設計中很重要的一環是「Building Up」,重點或許不只是單一作品,或是靈感湧現的一瞬間,而是經年累月所精煉出來的成果。雖然香港建築師從各地學師,亦非常有設計能力,但成功在港聚集建築思維、確立凝聚的並不普及。

大型建築商Vs.強烈個人特色工作室

歸根究柢這或許是因為香港不太能容納這些具有強烈特質的設計者,皆因香港能夠展現設計的大型項目,許多都由頗具規模的公司承辦,不少設計都較為受制於客戶需求,走向了相對穩扎的設計手法,很容易就被主流設計方式牽扯。具個人特色的工作室許多只會從事小型建築和室內設計,各種商業設計很容易就因為重新發展而在歷史洪流中洗去,就算有精妙設計亦難以聚合成力量。

個性工作室興起

然而這種情況近年有改變跡象,香港開始有不少較為出眾、有特色的建築工作室湧現,如設計了不少色彩鮮艷球場和遊樂場的 One Bite Design Studio、專注於水泥設計的倒模和嘗試推廣夯土設計的香港土磚。這類型設計工作室有他們所專研的範疇和方法,亦見他們在不同項目中有不斷演進設計的方式,有別於過往中大型建築師樓大包圍非常「General」的模式。

「FRESH NEW DAY⋯⋯這可不是一件好事。」

香港需要更多有個性、能夠找出自己特色的建築工作室

將前人的經驗變成灌溉自身的養分

Knowledge Bank 是筆者於初踏入建築行業、當時任職的工作室中強調的營運方式，意指於持續營運的同時，知識需要累積變成養分。這種知識的製造可以是有意規劃，亦可能是無意地慣性進行。當年被託付的任務，是從過往多年設計的項目中，整合出設計的要點，找到重複出現或有所演化的部分。透過分析和理解設計過程，將核心價值再精煉，變成同事們容易吸收可再推進的目標。例如澳洲建築師 John Wardle 對於歷史文化的重視和工藝細部的執着，無論項目大小，他都會嘗試透過物料的雕琢，仔細地給予建築具有個性和生命力的氣息。透過對物料理解和建構方法的積累，他的團隊在悉尼 Phoenix Central Park、墨爾本 Ian Potter Southbank Centre 等不同項目上反覆嘗試展現各種建築扭動的形態，同時保持其細部的美學，這種累積慢慢會變成一間建築師樓可用的特殊技藝。這種對於設計的堅持是整個業界有目共睹，能力獨立成家的。

然而對某些設計概念的長期投入並不容易，始終並不是所有項目都有足夠自由度去嘗試自己喜歡的設計方向，而香港的現狀就更為困難。

加強建築學系與業界的連繫

香港建築界目前最需要的就是這種能夠演化成具影響力的設計,從而帶動風氣和凝聚支持,慢慢變成一種勢力,並作為建築學生們學習的對象。當這種方向能多線發展,自然會孕育出各種變體和造就互相影響,為本地設計塑造出一個可以追溯和累積的城市主旋律。其中一種可以嘗試進行的改動是加強大學與業界的連結。目前大多數大學教學往往都非常學術或者實驗性,可能的確在個別領域有實踐,然而跟大型建築企業的交流和相互影響卻較少。澳洲不少教學的老師都是正在社會實踐,他們透過與學生互相影響,去將思維和研發推進,共同成長。

發展有跡可尋的模式並不是要趕絕獨特思維,城市中仍能有各種具有個人特色的設計,只是當有一天我們能夠追溯前人的想法,而非總是重新開始,或者參考國外案例,城市的設計風氣應能夠變得更為成熟。

notes:將大學與業界扣連並產生影響,才會造就健康生態

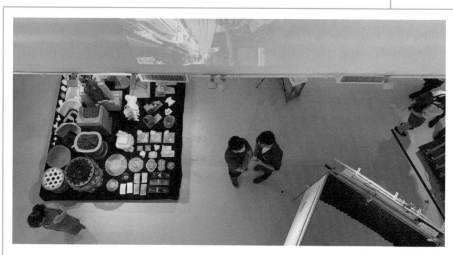

每年各大專院校都會舉辦不同科目的畢業展

建築營造需要累積經驗，重複嘗試

參考資料

The Australian Ugliness ////////////// After The Australian Ugliness //// Ugliness and Judgment: On Architecture in the Public Eye ///////// The Architecture of Luxury /////////// Victorian Better Apartments Design Standards //////// Nightingale Housing ///// Ornament and Crime ///// Flores & Prats /// 香港抽象遊戲地景 // 城市藝裳計劃：樂坐其中 // 棚仔社區布藝時裝中心社企計畫書 /// 學美 · 美學校園美感設計實踐計畫 // 香港政府統計數據 // 香港車禍傷亡資料庫

圖片提供

office aaa 究境聯合建築師事務所 及 Yu-Cheng Cheng ///// Paul Chung //// Eureka 意念加有限公司、Crafts on Peel 及 Bai Yu ////// Kayee Wong // Kawoon Yu

特別鳴謝

Sampson Wong /// Charles Lai //// Yannes Ho /// Marco Wong

城市建築不美學

作　　者	建築宅男
責任編輯	何欣容
封面設計	五十人
內文設計	建築宅男
相片提供	建築宅男

在世界中哼唱，留下文字迴響。

出　　版	蜂鳥出版有限公司
電　　郵	hello@hummingpublishing.com
網　　址	www.hummingpublishing.com
臉　　書	www.facebook.com/humming.publishing/

發　　行	泛華發行代理有限公司
初版一刷	2024 年 7 月

定　　價	港幣 HK$138　新台幣 NT$690
國際書號	978-988-70629-0-5